世纪出版·普通高等教育“十二五”规划教材

电工与电子技术实验及实践

忻尚芝　孙　浩　钱建秋　编著

上海科学技术出版社

内 容 提 要

本书是高等院校工科非电类专业基础课程《电工与电子学》的实验和实践教材。全书共分四章，内容包括安全用电知识、硬件操作验证性实验、计算机仿真实验和综合设计实践，附录介绍了常用仪器仪表的使用。书中主要介绍电工与电子学课程中基本的实验操作和测试方法，拓展了综合设计性实验与实训内容，并介绍了仿真环境及与教学相结合的应用。本书把实践技能的训练与理论基础融为一体，力求使读者在设计与动手实践能力上得到专业的训练，以提高综合分析能力和设计能力。

本书可作为普通高等院校工科非电类各专业的实验教材，也可作为课程设计和开放设计实验的实践教材。

图书在版编目(CIP)数据

电工与电子技术实验及实践 / 忻尚芝，孙浩，钱建秋编著. — 上海：上海科学技术出版社，2011.8(2022.9 重印)
ISBN 978-7-5478-0945-7

Ⅰ. ①电… Ⅱ. ①忻… ②孙… ③钱… Ⅲ. ①电工技术-高等学校-教材②电子技术-高等学校-教材 Ⅳ. ①TM②TN

中国版本图书馆 CIP 数据核字(2011)第 142339 号

电工与电子技术实验及实践
忻尚芝　孙　浩　钱建秋　编著

上海世纪出版(集团)有限公司
上海科学技术出版社　出版、发行
(上海市闵行区号景路 159 弄 A 座 9F-10F)
邮政编码 201101　www.sstp.cn
常熟市兴达印刷有限公司印刷
开本 787×1092　1/16　印张：12
字数：260 千字
2011 年 8 月第 1 版　2022 年 9 月第 8 次印刷
印数：8 201-9 220
ISBN 978-7-5478-0945-7/TM·21
定价：27.00 元

前言

电工与电子技术是高等工科院校非电类本科教学中一门很重要的专业基础课程，作为一门实践性很强的课程，其单独开设的实验课是其重要的组成部分，通过实验可以巩固和加深学生对所学理论知识的理解与掌握，培养学生的动手解决问题能力、综合设计和应用创新能力。

《电工与电子技术实验及实践》作为电工与电子技术课程的实验实践教材，是根据教育部颁布的电工技术和电子技术课程教学大纲的基本要求，结合学校进一步加强本科教学，提高本科教学质量和《电工与电子学》核心课程建设，在多年理论与实验教学经验积累的基础上编写而成。《电工与电子技术实验及实践》内容包括安全用电知识、传统的操作实验、计算机仿真实验和综合设计实验，附录中介绍了常用仪器仪表的使用供查阅。本实验教材的特点是在仿真和设计实验方面作了延伸，在学校开放实验室的有利条件下，对学有余力和确有兴趣的学生可以利用这一有利条件，选做一些仿真和设计性实验，充分提高自己的水平和能力，为参加大学生电子竞赛和今后从事专业技术工作打好基础。

本书由上海理工大学电工电子教研室和电工电子实

验中心的教师共同编写，忻尚芝编写第四章的实验一至实验五，并负责全书的统稿，孙浩编写第一章至第三章和附录，钱建秋编写第四章的实验六至实验十。感谢电工电子实验中心杨一波及全体老师对本实验教材编写的支持，也感谢在编写过程中给予帮助的其他老师和同行。

《电工与电子技术实验及实践》教材可作为高等院校工科非电类及相关专业本科学生的电工与电子技术实验课教材，也可作为电工技术、电子技术、模拟电子技术、数字电子技术等课程的实验教材或实验指导书。同时可供从事电工和电子技术相关人员学习参考。

由于编者的水平有限和时间比较仓促，书中不妥和错误之处，恳请使用本书的师生和读者批评指正，并提出修改建议，以便重印和修订时改正。电子邮箱：xinsz@usst. edu. cn。

编　者

目 录

(注 * 的实验为选做实验)

第一章　安全用电基本知识

电力给人类生活、学习带来极大的便利，给人们带来了温暖和幸福。但是如果应用不当，也会给人们带来麻烦和灾难。用电是一门科学，如何正确安全使用它，将是每位用电者必须掌握的。

第一节　触电事故的分析

电有它自己的特性，如果对它的特性缺乏了解，缺少电气基本知识，将造成触电事故的发生。据统计，大多数人身触电事故，发生在低压电气设备（指工作在交流 1 000 V 及以下与直流 1 200 V 及以下的电气设备）中。由于低压电气设备（特别是 220 V、380 V 的电气设备）使用广、接触的人多，加上麻痹大意思想，因此很容易发生触电事故。

一、引起触电事故的客观原因

1. 触电事故与季节有关

据统计，每年的 6 月～9 月是触电事故的高峰期，占全年总事故的比例较大。因为在这段时间内，由于天气炎热，用电设备如变压器、导线、开关、电动机等容易发热，使电气设备的绝缘物质损坏。同时，这段时间内雷雨、台风、降水较多，气候潮湿，使家用电器、灯具、插头等因受潮而漏电，从而容易引起触电事故。

2. 触电事故与动力设备(包括引线)可靠性有关

动力设备在工厂、农村、家庭等广泛使用,如传输带、切割机、水泵、电钻等,都需要电动机拖动,由于电动机振动、旋转、发热等容易引起接线端导线脱落,接地线及保护电气设备的元件损坏等都可能引起触电伤亡事故。

3. 触电事故与家用电器设备大量增加有关

由于人们生活水平不断提高,家用电器设备越来越多,如空调、电脑、电冰箱、电视机、洗衣机、微波炉、电烤箱等逐年增加,屋内的插座、开关、灯具等随处可见,如果违规安装,维护不当,极易造成人身触电事故。

二、引起触电事故的主观原因

1. 违反电气安全工作制度,违章作业

(1) 电工维修人员在作业中,没有严格遵守电气安全工作制度。如拉下电闸后,未在开关上挂上“有人工作,不准合闸”的警示牌,从而引起触电事故。

(2) 电气设备安装后,没有认真检验,引起电气设备发热、短路等,从而造成触电事故。

(3) 对电气设备的接地线忽视检验,如接地线脱落,安装不规范,从而引起电气设备外壳漏电,发生触电伤亡事故。

2. 电气设备安装不合格

(1) 电气设备触电事故往往发生在电气设备安装不规范中。如电气设备安装后,没有测定绝缘性能或者绝缘性能不能达到标准要求,而发生触电事故。

(2) 电气设备安装时,损坏了电气接线盒或没有盖好,或由于粗心大意,错将相线接到插头、插座的接地桩头上,使电气设备外壳带电,以上两种情况也是触电的重要原因。

(3) 在架设电力线时,该线与电话线和广播线距离太近,一旦遇到大风、大雨或其他外力的作用,发生碰线故障,使电话线、广播线带上 220 V 交流电,引起触电事故。

3. 缺乏安全用电常识,维护不当,随意乱接临时线

(1) 缺乏安全用电常识,随意搬动受潮后的电气设备(包括家用电器)或浸水后电气设备(包括家用电器),由于水是导电物质,受潮和浸水设备中的电流就会通过水这一导电体流到人体上,造成触电伤亡事故。

(2) 在使用移动式、携带式电动工具(如电钻、冲击钻)时,没有采取防护措施,结果由于电动工具外壳带电或电动工具电源线绝缘物磨损,引起触电事故。

(3) 为了打扫卫生，用湿布擦灯具、开关、插座等电气设备，由于湿布中的水分引起触电事故。

(4) 对家中的电气设备、电线、灯具及插座等不进行维护，由于绝缘材料损坏而引起触电伤亡事故。

(5) 随意私拉乱接临时线，在操作中容易损坏临时线的绝缘体。当临时线中的铜线(因绝缘物质损坏)碰到墙面、地面及潮湿的物体时，就会发生触电伤亡事故。

第二节 触电事故的种类及形式

一、触电伤害的种类

触电种类主要分为电击和电伤两种。

1. 电击

它是指电流通过人体时所造成的内伤。电流破坏人体心脏、肺部及神经系统，导致危及人的生命。如电流通过心脏可引起心室颤动，导致血液循环停止；电流通过胸部可使胸肌收缩，迫使呼吸停止；电流流过呼吸神经中枢，会导致呼吸停止。触电死亡事故中绝大部分是由电击造成的。

2. 电伤

它是由电流的化学、机械、热效应对人体造成的伤害。电伤常发生在人体的外部，在机体上留下伤痕。如触电人接触到铜、铅等物质，这些物质进入皮肤后，会使皮肤变粗糙、硬化。

二、触电伤害的形式

1. 单相触电

单相触电是指人体在地面或其他导电体上，人体某一部位碰到其中一相线的触电事故(见图 1-1)，大部分触电事故都是单相触电。

2. 两相触电

两相触电是指人体同时碰到带电的两根相线，处于两相电源间，由于两根相线之间的电压为 380 V，所以这种触电事故的后果往往也很严重。

3. 跨步电压触电

当电气设备绝缘损坏或高压电网的电线断线落地后，在电线落地处的周围产

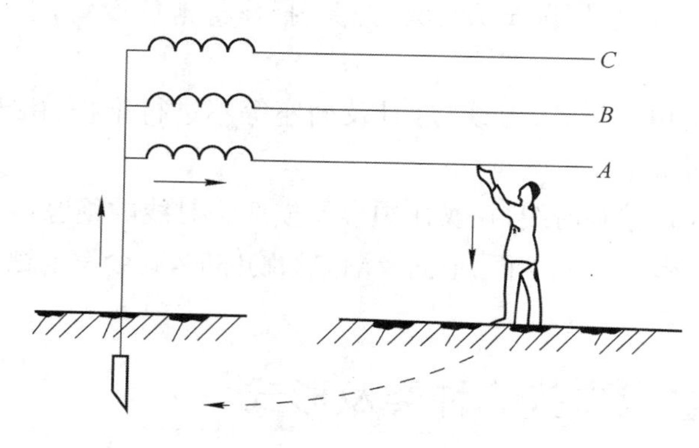

图 1-1 单相触电

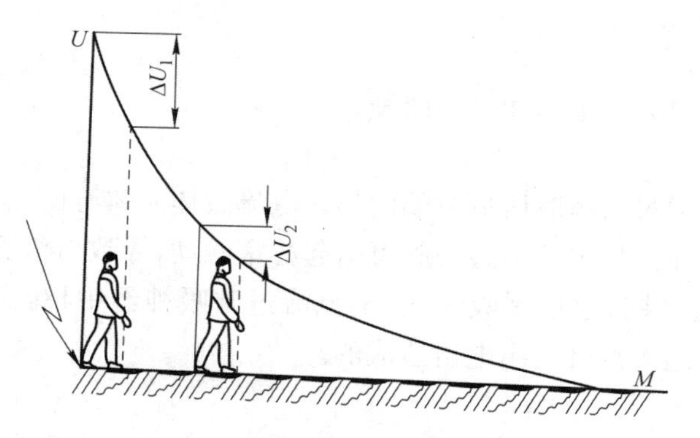

图 1-2 跨步电压触电

生电压降，当人进入该区域时，由于两脚之间产生电压差（见图 1-2)，从而引起跨步电压触电事故。

第三节 防止触电事故发生的基本安全措施

防止触电事故的基本原则是不让电流流过人体的任何部位，因此电气设备中用到大量的绝缘材料，如橡胶等。但是要注意的是，这些绝缘材料必须是干燥的，同时应根据电气设备的电压等级、运行条件、使用环境等情况，选用不同等级的绝缘材料，防止触电事故的发生。

(1) 对于电气设备，户内外电线的裸导线或母线需用绝缘材料加以封闭，使用装有联锁装置的遮栏，开关、灯具、熔断器等都需加装绝缘罩盖。所有绝缘材料需确保绝缘状态良好，绝缘的性能要符合国家规定的标准。

（2）对于外壳是金属的电气设备，如电动机、电钻等必须加装良好的接地线，防止电气设备外壳带电。同时，在操作开关时，应戴橡胶绝缘手套，脚下使用绝缘垫等。对于某些电压较高的电气设备必须有明确的标示符，电气设备周围必须设置栅栏等阻挡物，以防止无意触及电气设备或接近电气设备。

（3）加装漏电保护器作为补充防护。由于电气设备（包括家用电器），如电冰箱、洗衣机等都很潮湿，加装漏电保护器后，一旦电气设备外壳漏电，漏电保护器就能起到保护作用，避免悲剧发生。然而对漏电保护器也必须定期校验，以保证漏电保护器始终工作在正常状态。

（4）使用安全电压。安全电压是指为了防止触电而采用特定电源供电的电压系列，如 36 V、24 V、12 V、6 V 等。根据不同的场合，在使用行灯、机床照明、手持电动工具等时，需根据电气标准要求，选用各种安全电压，以保证人身安全。

第二章　硬件操作实验

本章实验主要配套理论课教材《电工与电子技术》一书。本章实验共 13 个(电工实验 6 个,电子实验 7 个)。其中必修实验 9 个,选修实验 4 个。考虑到学生动手能力的差别,在必修实验中,分为基本和增强两部分。学生首先完成基本部分实验,能力强的学生可再完成增强部分实验,而对实验有兴趣的学生可做选修部分实验。

注：带有 * 号的实验为选修实验。

实验一　直流电路中电位及电位差的测试

一、实验目的

(1) 在实验中如何理解电压、电位的不同之处。

(2) 理解电位的单值性、相对性及电位差的绝对性。

(3) 学会制作直流电路中的电位图。

二、实验预习要求

(1) 正确理解电位、电位差、电位参考点和等电位概念。

(2) 何谓电位的单值性和相对性及电位差的绝对性。

(3) 什么是电路的电位图,它能说明哪些问题。

(4) 写好实验预习报告。

三、实验内容与数据记录

电路中的电位参考点(即零电位点)一经选定,各点电位就只有一个固定的数值,这就是电位的单值性。如果把已给定电路中某点的电位升高某一数值,此时电路中其他各点的电位也相应地升高同一数值,这就是电位的相对性。至于任意两点间的电压仍然不变,与参考点的选择无关,这就是电压的绝对性。

(一) 基本实验部分

(1) 按图 2-1 所示接线。

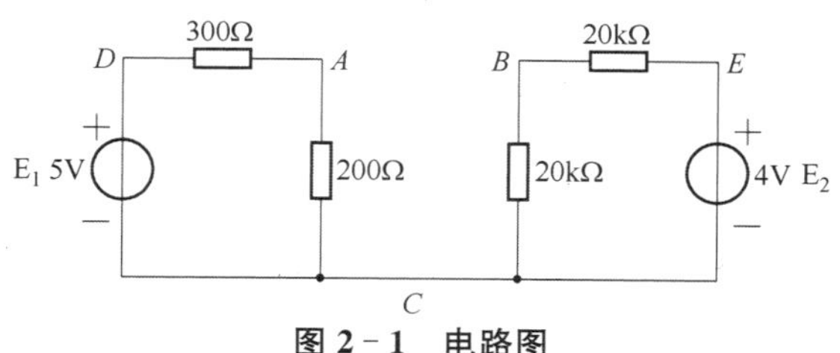

图 2-1　电路图

1) 分别以 A 点、C 点为电位参考点，测定各点电位，将数据记录在表 2-1 中。

表 2-1　A、B 断开　　单位：(V)

电　位	V_A	V_B	V_C	V_D	V_E
$V_A=0$					
$V_C=0$					

2) 将 A、B 两点用导线相连，重复步骤 1)，并将数据记录在表 2-2 中。

表 2-2　A、B 用导线相连　　单位：(V)

电　位	V_A	V_B	V_C	V_D	V_E
$V_A=0$					
$V_C=0$					

根据表 2-1、表 2-2 数据，计算出电位差或直接用电压表测出电位差，填入表 2-3、表 2-4 中。

表 2-3　A、B 断开　　单位：(V)

电位差	U_{DA}	U_{AC}	U_{EB}	U_{BC}
$V_A=0$				
$V_C=0$				

表 2-4　A、B 用导线相连　　单位：(V)

电位差	U_{DA}	U_{AC}	U_{EB}	U_{BC}
$V_A=0$				
$V_C=0$				

(2) 按图 2-2 所示连接，注意电路中电位参考点的位置，分别测出 A、B、C 点的电位。

$V_A=$________(　　)　$V_B=$________(　　)　$V_C=$________(　　)

(二) 增强实验部分

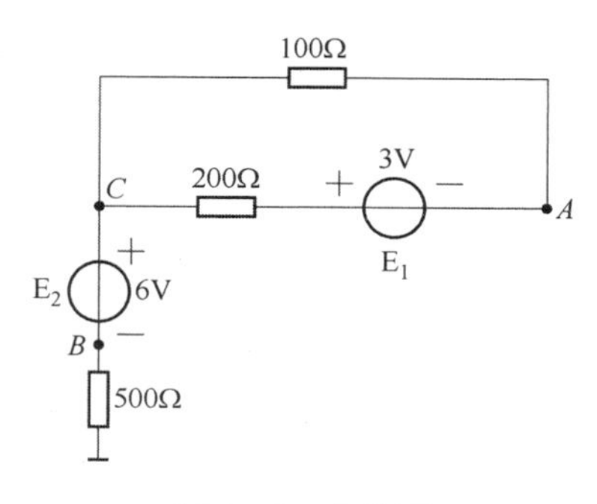

图 2-2 电路图

了解直流电路中各点电位的分布情况是分析、计算电路最基本的方法之一，在以后分析晶体管电路时，电位概念是非常重要的。

直流电路中各点电位的分布，可以通过实验测得电路中各点电位的高低（或根据电源和电阻的数值进行计算得出）并根据电路图（见图 2-3）作出电位图（见图 2-4）。

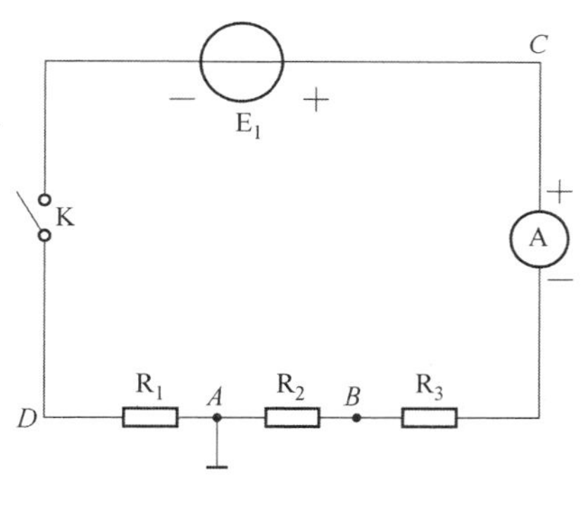

图 2-3 电路图

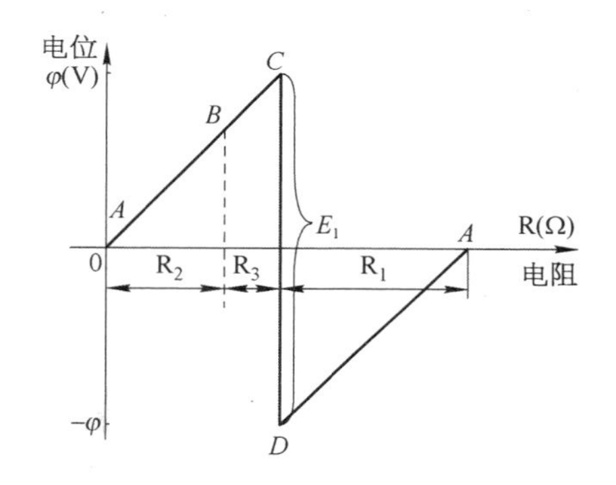

图 2-4 电位图

作图方法：在直角坐标上，横轴表示电阻，以 R 顺序按比例作出各电阻元件电阻的大小（稳压电源内阻很小，约 0.6 Ω，可忽略不计）；纵轴表示电位，按某一比例作出各对应点电位的高低；顺序联接各点电位所得的折线，就表示沿着该电路各点电位变化的规律（电位图）。

(1) 按图 2-5 所示接线，分别测出各点电位并填入表 2-5，画出电位图。

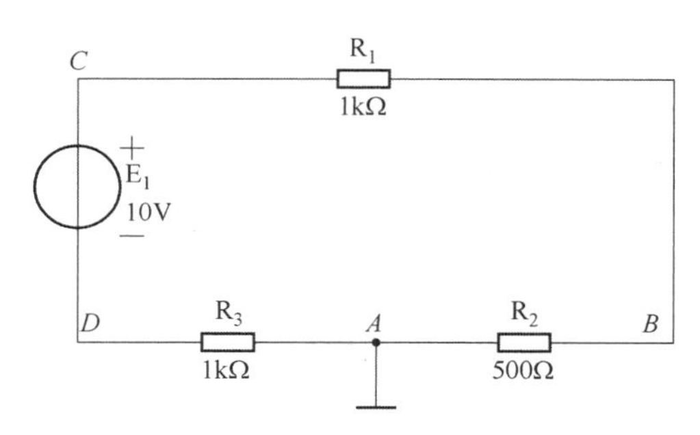

图 2-5 电路图

表 2-5 各点电位　　单位：(V)

电　　位	V_A	V_B	V_C	V_D
测量值				

(2) 按图 2-6 所示接线，分别测出各点电位，填入表 2-6，并画出电位图。

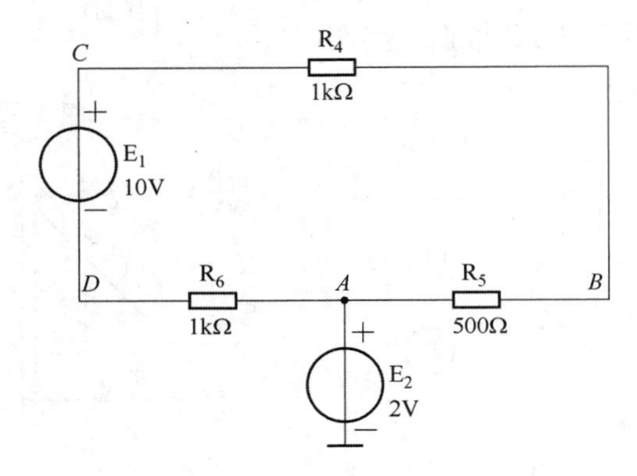

图 2-6 电路图

表 2-6 各点电位　　单位：(V)

电　　位	V_A	V_B	V_C	V_D
测量值				

四、实验思考

(1) 根据表 2-1、表 2-2、表 2-3、表 2-4 数据总结电位、等电位、电位差之间的关系。

(2) 在图 2-1 中，A、B 之间接一个电阻，对电路有何影响，为什么？

(3) 对于表 2-3、表 2-4，获得电位差数据的基本方法有几种？哪一种方法误差更小。

(4) 根据表 2-5、表 2-6 实验数据，可得出什么结论？

(5) 在测量电位时，直流电压表的负极应该接哪里？

实验二 叠加原理及戴维南定理

一、实验目的

(1) 正确理解叠加原理应用场合(在什么情况下,可以应用叠加原理)。
(2) 如何利用戴维南定理测定等效电源的参数。
(3) 正确使用电压、电流表及稳压电源。

二、实验预习要求

(1) 复习叠加原理、戴维南定理的基本概念。
(2) 写出等效电源、电阻的公式,并计算出开路电压及短路电流。
(3) 写出实验预习报告。

三、实验内容与数据记录

1. 叠加原理

几个独立电源在线性电路中共同作用时,它们在电路中任何部分所产生的电流(或电压)等于这些独立电源分别单独作用时在该部分所产生的电流(或电压)的代数和。

2. 戴维南定理(等效电源定理)

一个含源二端线性电路,它的外部特性可用一个独立的电压源 E_0、内阻为 R_0 的串联等效电源来代替。E_0 等于端口的开路电压,电阻 R_0 等于电路所有独立电压源去掉,并短接后从开路二端看进去的总电阻。

在复杂线性电路中,如果计算某一支路中的电流,应用等效电源定理显得特别方便。

(一) 基本实验部分

(1) 叠加原理:按图 2-7 所示接线,要求根据叠加原理分别测出 E_1、E_2 共同作用和 E_1、E_2 单独作用三种情况下的 U_{ab} 电压和 I_1、I_2、I_3 电流,并填入表 2-7 中。

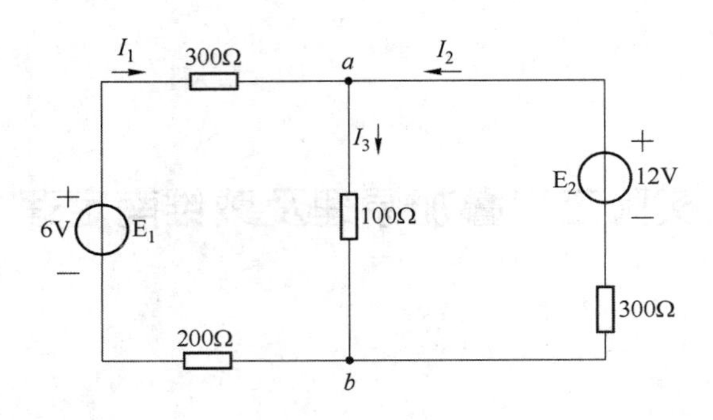

图 2-7 电路图

表 2-7 叠 加 原 理

E_1、E_2 共同作用		E_1 单独作用		E_2 单独作用	
$U_{ab}=$	(V)	$U_{ab1}=$	(V)	$U_{ab2}=$	(V)
$I_1=$	(mA)	$I_{11}=$	(mA)	$I_{12}=$	(mA)
$I_2=$	(mA)	$I_{21}=$	(mA)	$I_{22}=$	(mA)
$I_3=$	(mA)	$I_{31}=$	(mA)	$I_{32}=$	(mA)

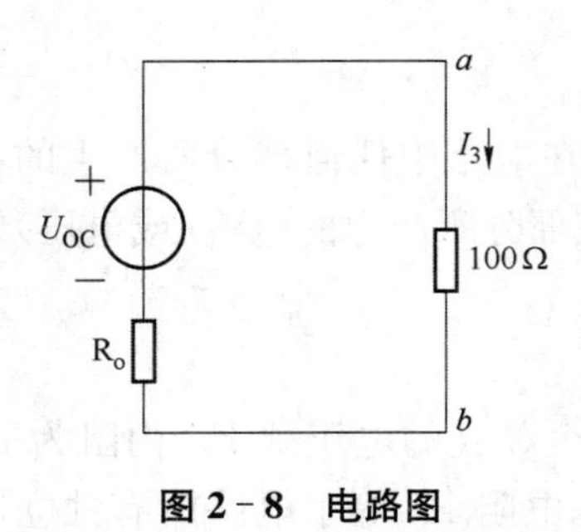

图 2-8 电路图

(2) 戴维南等效电路参数测定：

1) 将 a、b 断开，测出开路电压 U_{OC}。

2) 将 a、b 短路，测出短路电流 I_{SC}。

最后得出等效电阻 $R_o=U_{OC}/I_{SC}$ 记录于表 2-8 中。

3) 利用戴维南测定 I_3：按图 2-8 所示接线，将 a、b 两端的有源二端网络用电压源及等效电源支路替代，如图 2-8 所示，测定电流 I_3，并记录于表 2-8 中。

表 2-8 戴 维 南 定 理

开路电压 U_{OC}(V)	短路电流 I_{SC}(mA)	等效电阻 R_o(Ω)	I_3(mA)

(二) 增强实验部分

进一步理解叠加原理在线性网络电路中的应用，如果电路是非线性的，如图2－9所示，加入二极管，则叠加原理就不适用了。

(1) 按图2－9所示接线，测出各实验数据，并填入表2－9中。

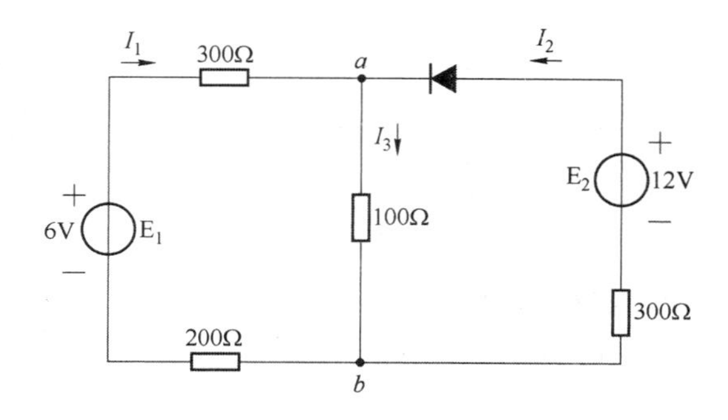

图2－9　电路图

表2－9　含非线性元件情况

	I_1(mA)	I_2(mA)	I_3(mA)	U_{ab}(V)
E_1、E_2 共同作用				
E_1 单独作用				
E_2 单独作用				
叠加结果				

(2) 按图2－10所示接线，测出各点实验数据，并填入表2－10中。

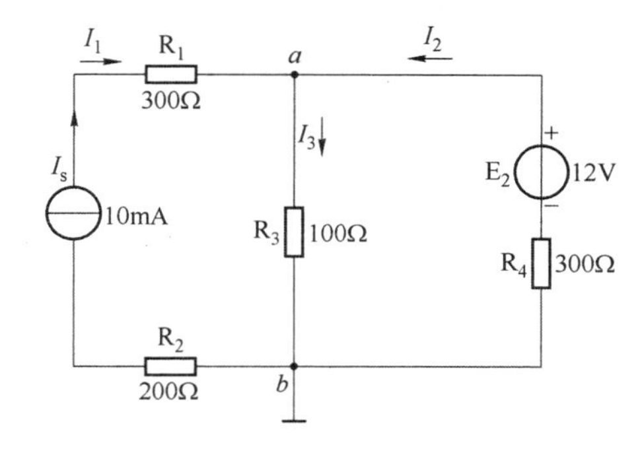

图2－10　电路图

表 2-10 不含非线性元件情况

E_1、E_2 共同作用		E_1 单独作用		E_2 单独作用	
$U_{ab}=$	(V)	$U_{ab1}=$	(V)	$U_{ab2}=$	(V)
$I_1=$	(mA)	$I_{11}=$	(mA)	$I_{12}=$	(mA)
$I_2=$	(mA)	$I_{21}=$	(mA)	$I_{22}=$	(mA)
$I_3=$	(mA)	$I_{31}=$	(mA)	$I_{32}=$	(mA)

四、实验思考

(1) 根据实验数据进行分析比较,归纳总结实验结论。

(2) 在进行叠加实验时,对不作用的电压源、电流源应如何处理?

(3) 为什么在电流测量中会出现负值?

(4) 各电阻所消耗的功率能否用叠加原理实现?

(5) 根据图 2-9 所示电路图,是否能用叠加原理,为什么?

(6) 在图 2-7 所示电路图中,测量开路电压 U_{OC} 和短路电流 I_{SC} 时,E_1、E_2 是否共同作用,还是分别作用?

(7) 把理论数据与实测数据进行比较,分析误差原因。

实验三 RLC 谐振电路研究

一、实验目的

(1) 了解 RLC 串联电路的谐振现象，测定谐振曲线。
(2) 研究电路品质因数 Q 值对谐振特性的影响。
(3) 了解串联电路谐振特点。
(4) 了解并联电路谐振特点。
(5) 了解变频电源的使用方法。

二、实验预习要求

(1) 预习串、并联电路的谐振条件，并计算出谐振频率 f_0 品质因素 Q。
(2) 如何判别电路已处于谐振状态。
(3) 改变电路中哪些参数可以使电路发生谐振。
(4) 写出实验预习报告。

三、实验内容与数据记录

1. 串联谐振特点

将 R、L、C 串联电路接至频率可变电源 V_i 上(见图 2 - 11)，由于感抗和容抗的数值随频率而改变，因此电路中的电流大小也随频率变化，其数值为：

$$I=\frac{V}{Z}=\frac{V}{\sqrt{R^2+\left(\omega L-\frac{1}{\omega C}\right)^2}}$$

式中：V 为电源电压；Z 为总阻抗；

$$R=R_L+R_1$$

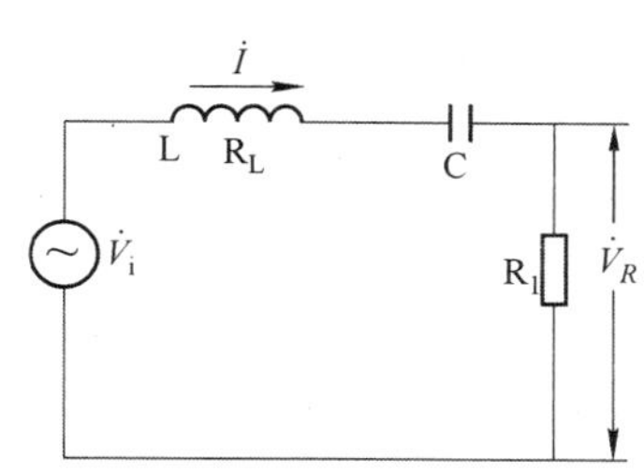

图 2 - 11 电路图

当 $\omega L = \dfrac{1}{\omega C}$ 时，电路发生串联谐振，电路呈电阻性；总阻抗 $Z_0 = R$ 为最小值。

$$\text{电流} \quad I_0 = \frac{V}{R} \text{为最大值；}$$

此时，谐振频率 f_0 为：

$$f_0 = \frac{1}{2\pi\sqrt{LC}}$$

其数值决定于电路参数 L、C。

2. 品质因数 Q 对谐振特性的影响（谐振曲线及通频带）

品质因数 Q 值标志着谐振电路质量的好坏，其大小取决于电路参数。Q 值可以用谐振时电感或电容端电压与电源电压之比值来表示：

$$Q = \frac{V_L}{V} = \frac{V_C}{V}$$

串联电路中电流随频率变化的关系曲线（见图 2－12）通常称为谐振曲线，其纵坐标表示电流，横坐标表示频率。

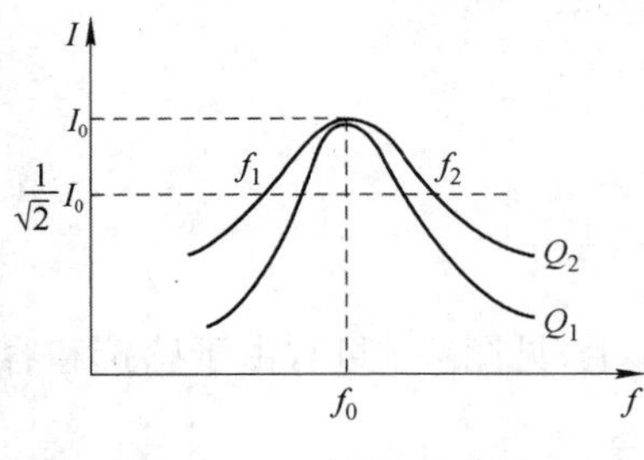

图 2－12 电流-频率图

由谐振曲线可见，在谐振频率 f_0 附近电流较大，离开 f_0 则电流很快下降。所以电路对频率具有选择性。Q 值愈大，则电流下降的愈快，即曲线愈尖锐，选择性愈好。为了从数值上表示谐振电路对频率的选择性，以 $I \geqslant \dfrac{1}{\sqrt{2}} I_0$ 所包含的频率范围定义为电路的通频带。$I = \dfrac{1}{\sqrt{2}} I_0$ 时的频率分别称为上限频率 f_2 及下限频率 f_1，则通频带 $\Delta f = f_2 - f_1$，而且 $\Delta f \times Q = f_0$ 关系成立，所以 Q 值愈大，则 Δf 愈小，即通频带愈窄，反之则通频带愈宽。

（一）基本实验部分

按图 2－13 所示连线，测出各实验数据，并填入表 2－11、表 2－12 中。

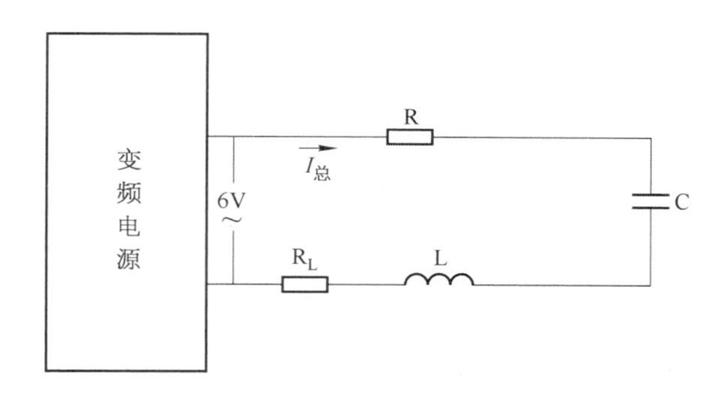

图 2－13　电路图

表 2－11　RLC 串联谐振

$R = 100\ \Omega$　　$C = 1\ \mu F$　　$L = 100\ mH$

电源条件		测　量　值				计　算　值	
U_i(V)	f(Hz)	U_R(V)	U_L(V)	U_C(V)	I(mA)	I(mA)	谐振时的 $X_C=$　(Ω) $X_L=$　(Ω) $Q=$
	$f_0=$						

表 2－12　RLC 串联谐振

$R = 400\ \Omega$　　$C = 2\ \mu F$　　$L = 100\ mH$

电源条件		测　量　值			计　算　值
U_i(V)	f(Hz)	U_L(V)	U_C(V)	I(mA)	谐振时： $U_C=$　(V) $U_L=$　(V) $Q=$

（续表）

电源条件		测量值			计算值
U_i(V)	f(Hz)	U_L(V)	U_C(V)	I(A)	谐振时： $U_C=$　　(V) $U_L=$　　(V) $Q=$
	$f_0=$				

(二) 增强实验部分

并联谐振电路的特征是：当电路谐振时，总电流 I_0 最小。电感支路电流 I_L 或电容支路 I_C 是总电流 I 的 Q 倍，谐振频率 $f_0=\frac{1}{2\pi\sqrt{LC}}(\omega L \gg R)$。

按图 2－14 所示连线，测出各实验数据，并填入表 2－13 中。

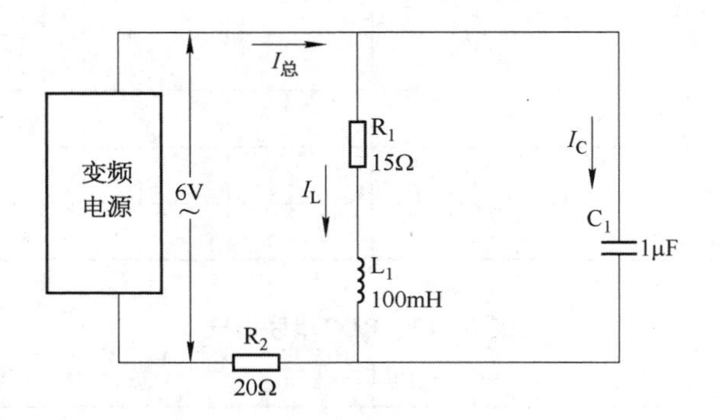

图 2－14　电路图

表 2-13 RLC 并联谐振

$R = 20\ \Omega$ $C = 1\ \mu F$ $L = 100\ mH$

电源条件		测量值			计算值
U_i(V)	f(Hz)	$I_{总}$(mA)	I_L(mA)	I_C(mA)	谐振时的 $X_C =$ (Ω) $X_L =$ (Ω) $Q=$
	$f_0 =$				

四、实验思考

(1) 根据实验数据,画出谐振曲线。

(2) 当频率 f 大于谐振频率 f_0 及小于谐振频率 f_0 时,电路各呈现什么性质?

(3) 在 RLC 串联电路中,谐振时 U_C 与 U_L 是否相等,为什么?

(4) 通过表 2-11、表 2-12 实验数据比较,哪一个 RLC 参数对谐振更有利?

(5) 如何判别电路是否谐振,有哪些方法?

实验四　三相电路实验

一、实验目的

(1) 掌握三相电源相序测试方法。

(2) 观察分析三相电路不对称情况下星形连接中线的作用。

(3) 学习负载为星形和三角形的连接方法。

二、实验预习要求

(1) 复习三相对称与不对称电路的概念。

(2) 复习星形负载、三角形负载及中线连接和相、线电压、相、线电流的特点。

(3) 预习三相电源的相序概念。

(4) 在三相电源应用时,注意安全。

(5) 写出三相电路实验的预习报告。

三、实验内容与数据记录

三相电路是一种特殊形式的正弦交流电路。在三相电源中,相电压 U_P 与线电压 U_I 关系为: $U_I=\sqrt{3}U_P(U_I=380\text{ V}, U_P=220\text{ V})$。各相之间的相位差为 120°。

对称负载星形(Y形)连接时,负载的线电流 I_I 等于相电流 I_P,线电压 U_I 是相电压 U_P 的$\sqrt{3}$倍,即: $U_I=\sqrt{3}U_P$。

对称负载三角形(△形)连接时,负载的线电压 U_I 等于相电压 U_P,线电流 I_I 是相电流 I_P 的$\sqrt{3}$倍,即: $I_I=\sqrt{3}I_P$。

(一) 基本实验部分

(1) 三相电源相序测定: 按图 2-15 所示连接(A、B、C 分别连接三相电源的三根相线),测定各实验数据,并填入表 2-14 中(其中 N 是三相电源中的中线)。

表 2-14

U_{AB}(V)	U_{BC}(V)	U_{CA}(V)	$U_{AN'}$(V)	$U_{BN'}$(V)	$U_{CN'}$(V)	I_A(A)	I_B(A)	I_C(A)	$U_{NN'}$(V)

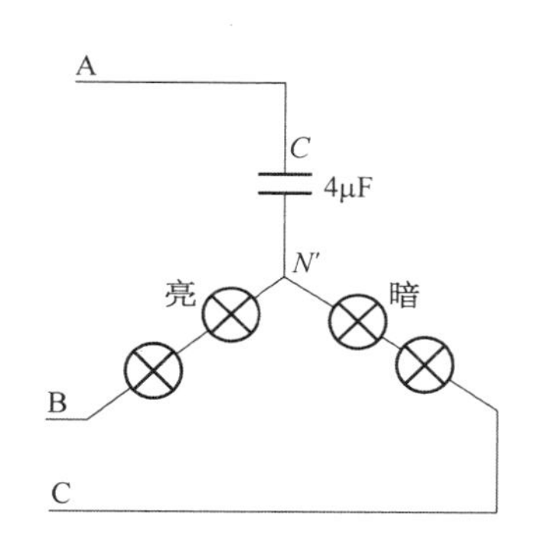

图 2-15　相序检测电路图

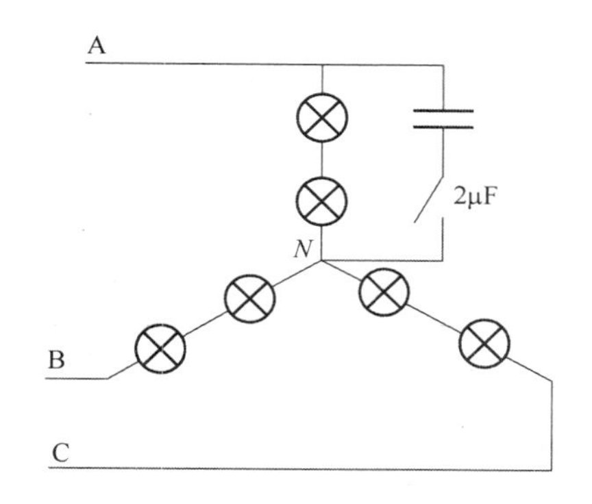

图 2-16　星形连接电路图

(2) 星形(Y形)连接实验数据测定：按图 2-16 所示接线(电路不对称条件是在 A 相负载上并联一个 2 μF 电容,B 相、C 相不并联电容),测定各实验数据,并填入表 2-15 中。

表 2-15　三相电路星形连接

负载状态＼测量值		线电压(V)			相电压(V)			相(线)电流(A)			中线电流(A)
		U_{AB}	U_{BC}	U_{CA}	U_A	U_B	U_C	I_A	I_B	I_C	
负载对称	有中线										
	无中线										
负载不对称	有中线										
	无中线										

(二) 增强实验部分

三角形(△形)连接实验数据的测定：按图 2-17 所示接线(电路不对称条件是在电路 A、B 两端并联一个 2 μF 电容,其他不变),测得各实验数据,并填入表 2-16 中。

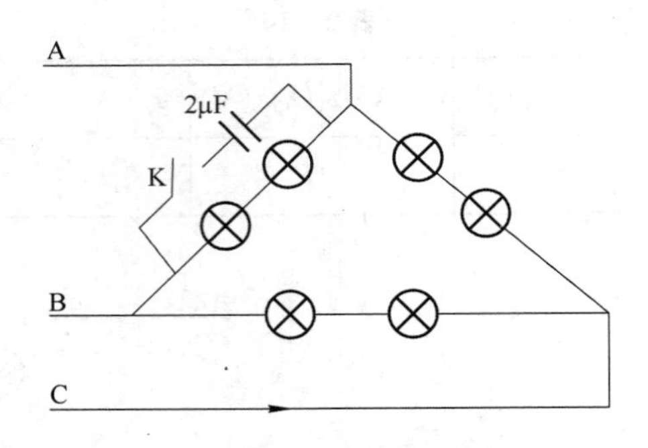

图 2-17　三角形连接电路图

表 2-16　三相电路三角形连接

测量值 负载状态	线(相)电压(V)			相电流(A)			线电流(A)		
	U_{AB}	U_{BC}	U_{CA}	I_A	I_B	I_C	I_A	I_B	I_C
对称负载									
不对称负载									

四、实验思考

(1) 在星形(丫形)连接时,如果负载不对称又没有中线,将对负载产生什么后果?

(2) 当不对称负载作三角形连接时,线电流是否相等? 线电流与相电流之间是否构成固定的比例关系?

(3) 通过实验数据,总结星形、三角形连接在负载对称与不对称两种情况下,线、相电压和线、相电流之间的关系。

实验五* 电流源与电压源的等效变换

一、实验目的

(1) 了解理想电流源与理想电压源的外特性。
(2) 验证电压源与电流源互相进行等效转换的条件。
(3) 加深理解电路的等效变换。

二、实验预习要求

(1) 复习电流源与电压源等效变换概念。
(2) 掌握理想电源与实际电源的区别。
(3) 写出实验预习报告。

三、实验内容与数据记录

电工理论中的理想电源有两种：一种称为理想电压源，当它接上负载后，其负载变化时，输出电压保持不变(特性如图 2-18 所示)；另一种称为理想电流源，当它接上负载后，其负载变化时，输出电流保持不变(特性如图 2-19 所示)。

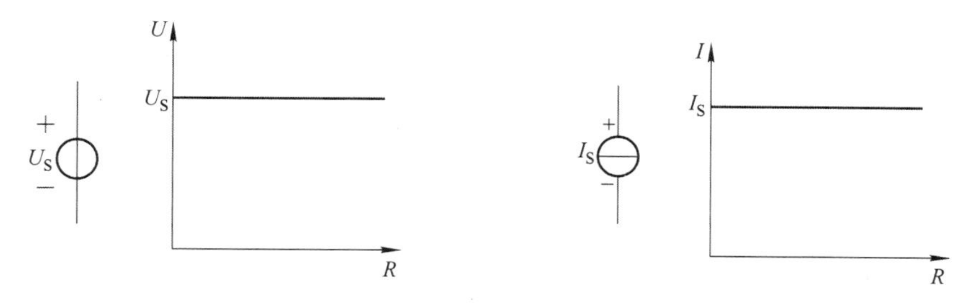

图 2-18　理想电压源　　**图 2-19　理想电流源**

但是在实际工程中，理想电源是不存在的。实际电压源可以用一个理想电压源 U_S 与一电阻 R_0 串联组合来表示。实际电流源，也可以用一个理想电流源 I_S 与

一电阻 R_0 并联组合来表示。电压源与电流源之间可以互相转换(见图 2-20)。

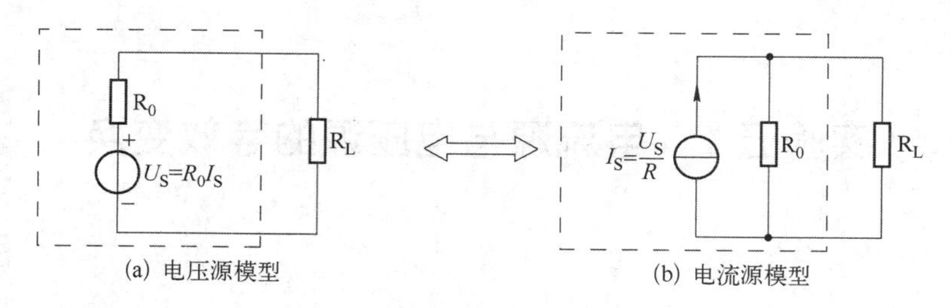

(a) 电压源模型　　(b) 电流源模型

图 2-20　两种电源的等效变换

等效转换条件为:

$$U_S = I_S R_0 \quad 或 \quad I_S = \frac{U_S}{R_0}$$

1. 理想电流源的外特性

按图 2-21 所示连线,将一电阻箱接至电源的"输出"端钮上,测量电流用的毫安表串接于电路中,改变电阻箱的电阻值,测出输出两端间电压,即得到外特性曲线。实验时首先置 $R=0$,调节 I 至 20 mA,然后改变 R 测 I,但应使 $R_{MAX} \cdot I \leqslant$ 20 V。然后测定各实验数据,并填入表 2-17 中。

表 2-17　理想电流源

电阻 $R(\Omega)$	0	10	20	30	40	50	60	70	80	90
电流 I(mA)										
电压 U(V)										

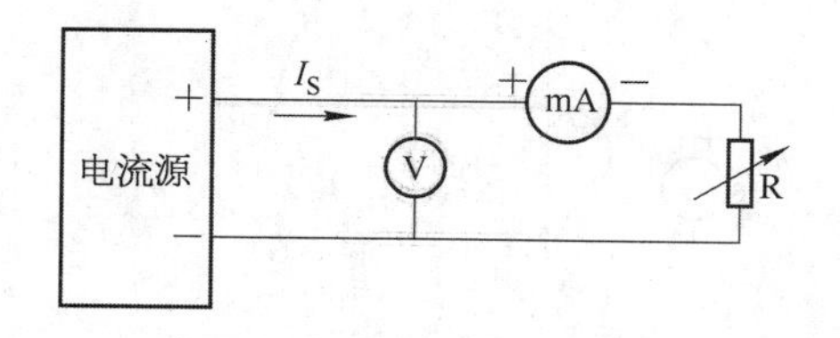

图 2-21　电路图

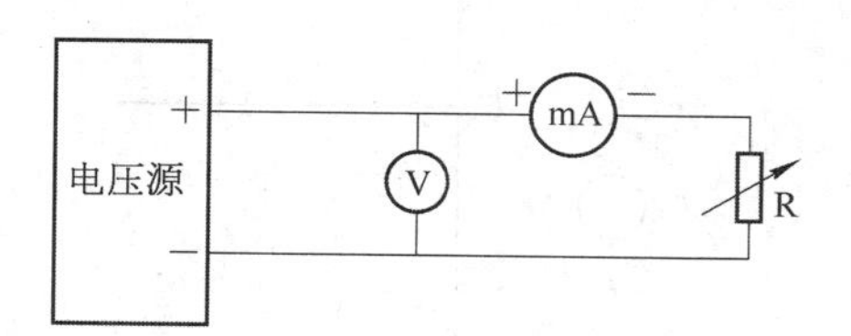

图 2-22　电路图

2. 理想电压源的外特性

按图 2-22 所示连线,当外接负载电阻在一定范围内变化时电源输出电压基本不变,可将其视为理想电压源,实验时不能使 $R=0$(短路),否则电流过大。电压源输出调至 10 V。

测定各实验数据，并填入表 2-18 中。

表 2-18　理想电压源

电阻 R(kΩ)	1	2	3	4	5	6	7	8	9
电压 U(V)									
电流 I(mA)									

3. 验证实际电压源与电流源等效转换的条件

在表 2-17 中，已测得理想电流源的电流为 $I_S=20$ mA，此时，若在其输出端并联一电阻 R_0，例如 200 Ω，从而构成一个实际电流源(如图 2-23 所示)，将该电流源接至负载 R(电阻箱)，改变电阻箱的电阻值，即可测出该电流源的外特性。

根据等效转换的条件，将电压源的输出电压调至 $U_S=I_SR_0$，并串接一个电阻，从而构成一个实际电压源(见图 2-24)，将该电压源接到负载 R(电阻箱)，改变电阻箱的电阻值，即可测出该电压源的外特性。比较在两种情况下，负载电阻相同值时是否具有相同的电压和电流。

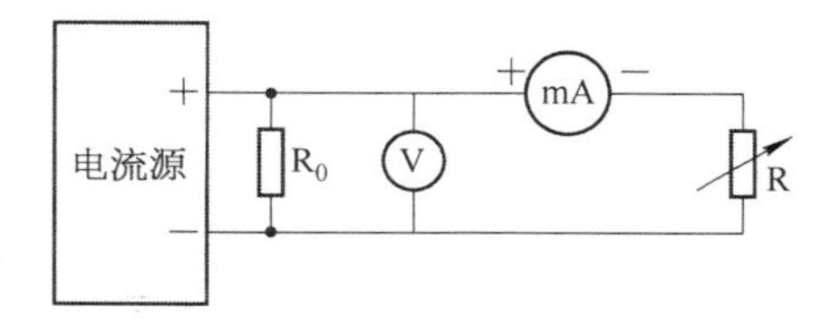

图 2-23　电路图

(1) 按图 2-23 所示接线，测定实验数据，并填入表 2-19 中。

表 2-19　实际电流源

电流源 $I_S=20$ mA　$R_0=200$ Ω

电阻 R(Ω)	100	200	300	400	500	600	700	800	900
电流 I(mA)									
电压 U(V)									

(2) 按图 2-24 所示接线，测定实验数据，并填入表 2-20 中。

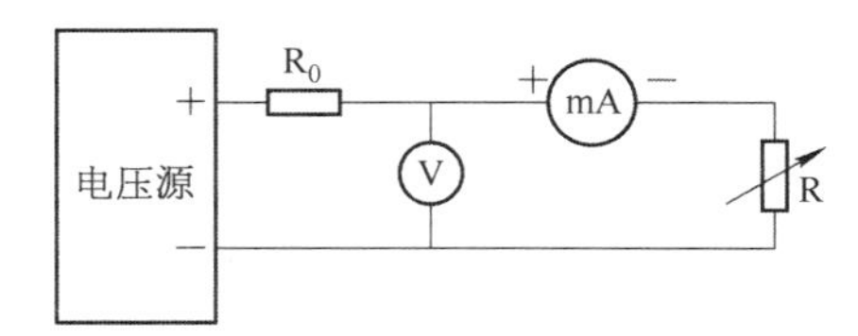

图 2-24　电路图

表 2-20 实际电压源

电压源 $U_S=4$ V $R_0=200\ \Omega$

电阻 $R(\Omega)$	100	200	300	400	500	600	700	800	900
电流 I(mA)									
电压 U(V)									

四、实验思考

(1) 根据实验结果,绘出电流源和电压源的外特性曲线。

(2) 直流稳压源的输出端为什么不允许短路?

(3) 验证电压源与电流源等效变换条件。

实验六　提高功率因数及频率对电容、电感的影响

一、实验目的

(1) 掌握交流参数的测试方法。
(2) 提高功率因数的基本方法。
(3) 掌握单相功率表的使用方法。
(4) 研究电容、电感器件的阻抗频率特性。

二、实验预习要求

(1) 复习功率因数的基本概念和提高功率因数的基本方法。
(2) 预习交流电路各器件的计算及矢量概念。
(3) 预习交流电表基本性能和量程的正确使用。
(4) 复习交流电路中，频率对电容、电感阻抗的影响。
(5) 写出实验预习报告。

三、实验内容与数据记录

在交流电路中，由于电容、电感器的存在，引起电压、电流之间相位差，所以整个电路的总电压等于各个分电压的矢量和，总电流等于各个分电流的矢量和。这是交流电路与直流电路的最大区别。

在交流电路中，计算功率(P)除考虑其电压(U)电流(I)外，还要考虑电压、电流之间的相位差(φ)。

即：
$$P = U \cdot I \cdot \cos\varphi$$
式中：$\cos\varphi$ 是电路的功率因数。

只有当负载为电阻性负载时，电压、电流同相才有 $\cos\varphi = 1$；当负载为其他负载时，$\cos\varphi$ 则介于 0～1 之间。$\cos\varphi$ 愈小时，发电机发出的有功功率就愈小，无功

功率则愈大。无功功率愈大，发电机发出的能量就不能充分被利用。同时，由于线路和发电机绕组存在内阻，因此 $\cos\varphi$ 愈小，功率损耗 ΔP 就愈大，电网线路传输效率将下降。所以提高功率因数对国民经济发展有着极为重要的意义。

功率因数不高的根本原因是由于存在电感性负载（如：电动机、电焊变压器等）。常用的解决方法是在电感性负载两端并联电容器，减小电压和线路电流之间的相位差，提高功率因数。由于并联了电容，线路电流减小，功率损耗下降。

（一）基本实验部分

（1）按图 2－25 所示连线（可变电容 C 断开），测定各实验数据，并填入表 2－21 中。

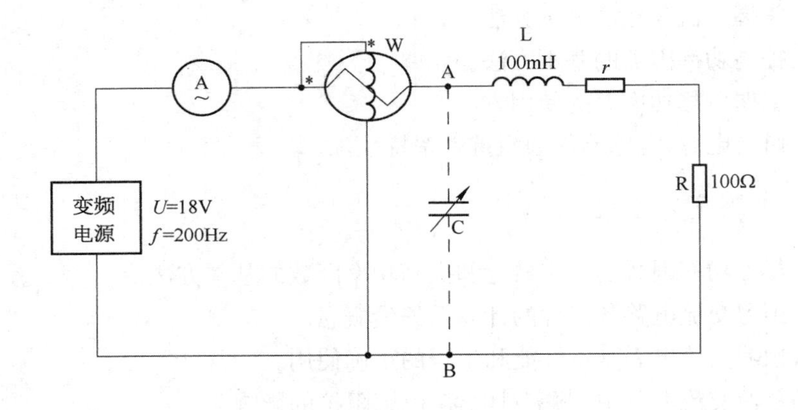

图 2－25　电路图

表 2－21　无可变电容测量值

	U(V)	U_{Lr}(V)	U_R(V)	I(A)	P(W)
测试值					

（2）根据表 2－21 中测得的数据，计算 R、r、X_L、Z、L、$\cos\varphi$ 等参数，并将计算结果填入表 2－22 中。

表 2－22　计 算 结 果

	R(Ω)	r(Ω)	X_L(Ω)	Z(Ω)	L(H)	$\cos\varphi$
计算值						

(3) 在图 2－25 A、B 两端并联可变电容 C，测得实验数据，并填入表 2－23 中。

表 2－23　并联可变电容测量值

$C(\mu F)$	0.1	0.32	0.54	1.01	2.01	4.01	6.01	10.01
U(V)								
U_{Lr}(V)								
U_R(V)								
$I_{总}$(A)								
I_C(A)								
I_L(A)								
P(W)								

(二) 增强实验部分

本部分实验主要研究电感、电容在交流电路中的阻抗频率特性；当频率 f 变化时，电感的感抗 X_L 和电容的容抗 X_C 的变化规律；纯电感与实际电感的差异。

(1) 按图 2－26 所示连线，测得实验数据，并填入表 2－24 中。

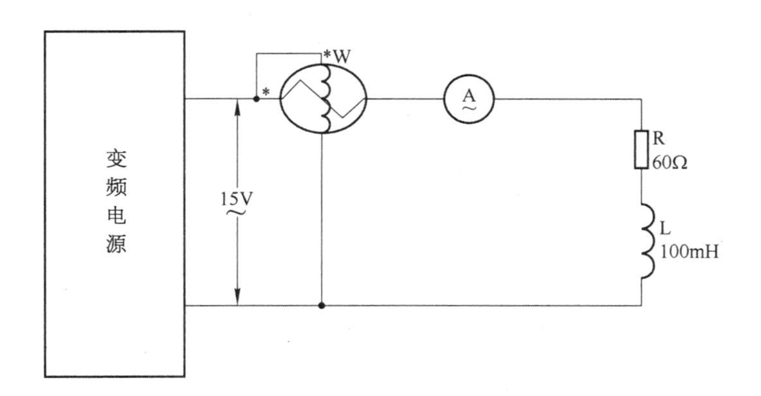

图 2－26　电路图

表 2－24　X_L-f 特性数据

f(Hz)	50	100	150	200	250	300	350
P(W)							

（续表）

U(V)							
U_R(V)							
U_L(V)							
I(mA)							
$X_{L测}$(Ω)							
$X_{L计}$(Ω)							
误差							

（2）按图 2－27 所示连线，测得实验数据，并填入表 2－25 中。

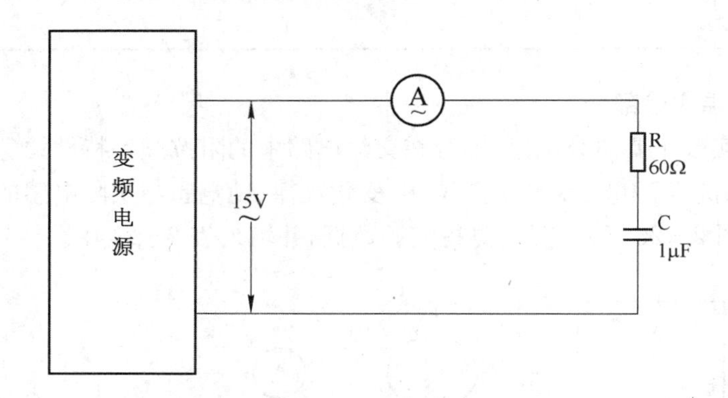

图 2－27 电路图

表 2－25 $X_L - f$ 特性数据

f(Hz)	500	1 000	1 500	2 000	2 500	3 000	3 500	4 000
U(V)								
U_R(V)								
U_C(V)								
I(mA)								
$X_{C测}$(Ω)								
$X_{C计}$(Ω)								

四、实验思考

(1) 掌握实际电感器中内阻 r 的计算方法。

(2) 当并联电容值变化时，观察总电流 $I_{总}$ 的变化规律，并分析其原因。

(3) 为什么要在表 2-24 中计算感抗 X_L 的误差？

(4) 画出 X_L-f 和 X_C-f 的特性曲线。

实验七 单管交流放大器实验

一、实验目的

(1) 掌握如何调整单管交流放大器静态工作点的方法,了解调整静态工作点含义。

(2) 掌握测量单管交流放大器放大倍数的方法。了解在负载变化时,放大器放大倍数的变化趋势。

(3) 改变偏置电阻时,观察工作点在负载线的中点及两端对交流放大器的影响。

(4) 掌握输入、输出电阻的测量方法。

(5) 掌握放大器最大动态范围 V_{ipp} 含义及测量方法。

二、实验预习要求

(1) 复习单管交流放大器的工作原理。

(2) 了解单管交流放大器实验电路的测试方法及分析方法。

(3) 掌握实验仪器的使用方法。

(4) 写出实验预习报告。

三、实验内容与数据记录

单管交流放大器是放大器中最基本的一类。对它进行分析、计算,对电路调试方法、参数测试方法及参数测量等均有普遍意义。本实验电路,如图 2-28 所示。

为保证放大器正常工作,即不失真地放大信号,首先必须适当选取静态工作点。工作点太高将使输出信号产生饱和失真;太低则产生截止失真。因而工作点的选取,直接影响在不失真前提下的输出电压 V_o 的大小,即影响电压放大倍数($A_V=V_o/V_i$)的大小。在晶体管、电源电压 V_{CC} 及电路其他参数(如负载 R_L 等)确定后,静态工作点主要取决于 I_B 的选择。因此,调整工作点主要是调节偏置电阻 R_B 的数值。本实验通过调节电位器 R_{10} 来实现,进而可以观察与测量工作点对输出电压波形和放大倍数的影响。要想得到最大不失真输出电压幅度(放大器的动态范围),就必须使工作点位于交流负载线的中点。

当晶体管和电源电压选定之后,电压放大倍数还与负载电阻 R_L 有关,改变负载电阻 R_L,则电压放大倍数将发生改变。

(一) 基本实验部分

(1) 按图 2－28 所示连线,调整静态工作点,把 V_o 与 R_9 连通,将直流稳压电源的输出电压调节到所需要的数值(V_{CC}＝12 V),接入实验电路。

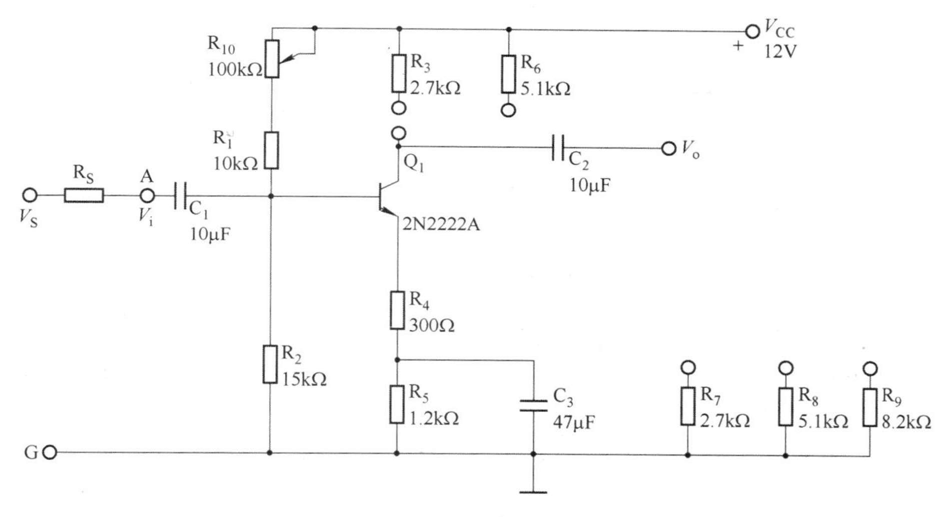

图 2－28　电路图

使用万用表测量晶体管的集电极与发射极之间的电压 V_{CE},同时调节电位器 R_{10},注意观察集电极电流 I_C(间接测量 R_E 或 R_C 两端电压)和 V_{CE} 的变化。在无输入信号的情况下,调节 R_{10},使 V_{CE} 达到 5 V 左右,即可认为工作点基本调好(为了校验放大器的工作点是否合适,把信号发生器输出的 f＝1 000 Hz 的信号加到放大器的输入端,从零逐渐增大信号的幅值,用示波器观察放大器的输出电压波形,若放大器工作点调整合适,则放大器的截止失真和饱和失真应该同时出现,若不是同时出现,只要稍微改变 R_{10} 的阻值便可得到合适的工作点),然后用万用表测量静态工作点的参数,并填入表 2－26 中。

表 2－26　静 态 工 作 点

种　　类	V_{CE}(V)	V_C(V)	I_C(mA)
测 量 值			

(2) 测量放大器的电压放大倍数,观察负载电阻对放大倍数的影响。

在(1)的基础上调节信号发生器输出电压的幅值,并用示波器观察放大器输出电压的波形,直至输出波形达到最大不失真。这时用晶体管毫伏表测量放大器的输入信号电压和输出电压,并计算此时的电压放大倍数 A_V。

改变负载电阻阻值,将原 V_o 接通 R_9 的连线分别改为 V_o 接通 R_8,V_o 接通 R_7,使负载电阻分别改为 5.1 kΩ 和 2.7 kΩ。同时保持输入信号电压不变,分别测量它们的输出电压、计算放大倍数,将测量和计算的数值填入表 2-27 中。

表 2-27 负载电阻对放大倍数影响

负载电阻	8.2 kΩ	5.1 kΩ	2.7 kΩ
输入电压 V_i(V)			
输出电压 V_o(V)			
放大倍数 $A_V = V_o/V_i$			

(3) 掌握静态基极电流对放大器的影响。

1) 将负载电阻恢复为 8.2 kΩ,增大 R_{10} 的阻值,观察放大器输出波形的失真情况,并把它画在表 2-28 中。

2) 将负载电阻恢复为 8.2 kΩ,减小 R_{10} 的阻值,观察放大器输出波形的失真情况,并把它画在表 2-28 中。

表 2-28 静态基极电流的影响

R_0	R_{10}过大	R_{10}正确	R_{10}过小
输出电压的波形 (定性)			
	波形 失真		波形 失真

(二) 增强实验部分

(1) 输入电阻的测量。因为放大器的输入电阻 R_i 对信号源来说就是其负载,所以只要在信号源与放大器之间串接一个已知电阻 R,如图 2-29 所示,根据分压原理,用交流毫伏表分别测出 U_i 和 U_i',则输入电阻 $R_i = \frac{RU_i'}{U_i - U_i'}$。

（2）输出电阻的测量。从放大器的输出端看进去，放大器可等效成一个大小等于开路输出电压的电压源和一个内阻相串联的电路，这个等效电源的内阻就是放大器的输出电阻。通常在放大器的输入端加一正弦小信号，用交流毫伏表分别测出负载开路和接上固定负载 R_L 时的输出电压 U_o 和 U'_o，由 $R_o = \frac{R_L(U_o - U'_o)}{U'_o}$，可求出放大器的输出电阻，测量线路如图 2－30 所示。

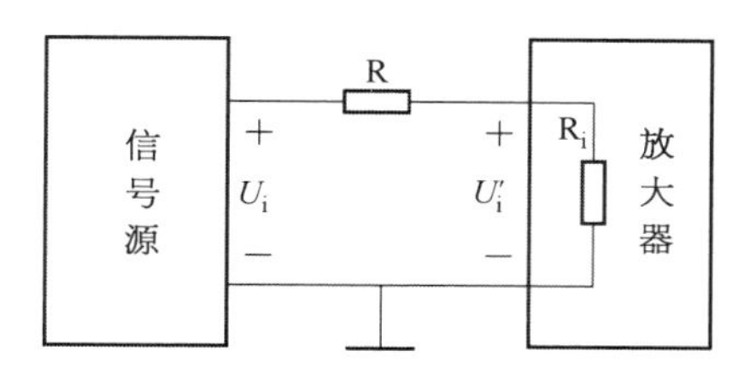

图 2－29　电路图

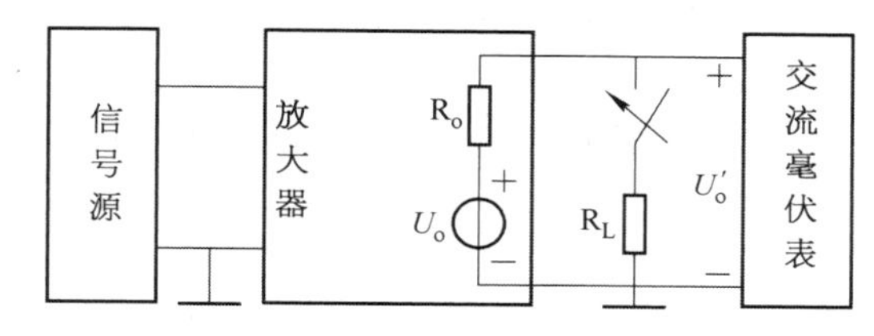

图 2－30　电路图

按图 2－28 所示单管放大器连线，测量其输入、输出电阻，分别填入表 2－29、表 2－30 中。

表 2－29，测量条件：输入电压 20 mV，频率 1 kHz。

表 2－29　输 入 电 阻

V_S(V)	V_i(V)	R_i(Ω)

表 2－30 测量条件：输入电压 20 mV，频率 1 kHz，负载电阻 R_9(8.2 kΩ)。

表 2－30　输 出 电 阻

V_o,(V)(负载开路)	V_o(V)(R_9=8.2 kΩ)	R_o(Ω)

（3）最大动态范围 V_{ipp} 的测试。将信号发生器信号（1 kHz）输入到图 2－28 所示电路的 A 与 G 之间，将放大器输出端接至示波器（见图 2－31），然后逐步加大（减小）信号源的输出幅度，当示波器上的波形刚出现平顶

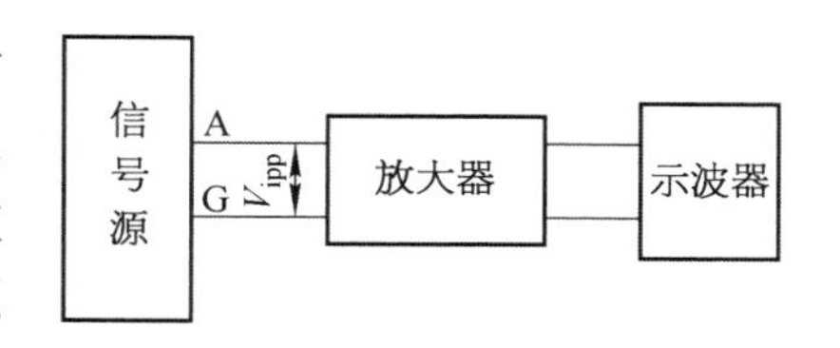

图 2－31　原理图

限幅(失真)时,测出放大器输入电压V_{ipp}。

V_{ipp}________(V)～________(V)

四、实验思考

(1) 掌握测量静态工作点的意义,如果不测量可以吗?

(2) 根据表 2-27 的数据,可以得出怎样的结论?

(3) 根据本电路分析,当 R_{10} 的阻值过大时会产生什么失真?当 R_{10} 的阻值过小时,会产生什么失真?

(4) 了解测量最大动态范围 V_{ipp} 的意义。

实验八 运算放大器的应用

一、实验目的

(1) 正确掌握运算放大器正负电源的供电方法。

(2) 掌握运算放大器在比例运算、积分、微分运算的基本应用。

(3) 掌握加法运算、差分式减法运算的应用。

二、实验预习要求

(1) 复习运算放大器的放大作用及运算放大器的分析方法。

(2) 熟悉741型集成运放的结构、性能和管脚的排列。

(3) 写出实验预习报告。

三、实验内容与数据记录

集成运算放大器是一种高增益的放大器，它有两个输入端。根据输入电路的不同，有反相输入、同相输入和差动输入三种方式。在应用中，都须外接负反馈网络构成闭环电路，用以实现各种模拟运算(如：比例、求和、求差、积分、微分等)及各种信号的处理。

(一) 基本实验部分

1. 反比例放大器

(1) 按图2-32所示连线，将信号发生器输出的$f=1\,000$ Hz的正弦波信号加到实验电路的V_i输入端，调节信号电压的大小，使放大器输出电压波形达到最大不失真。测量此时放大器的输入电压V_i和输出电压V_o，并计算其放大倍数$A_V=V_o/V_i$，填入表2-31中。

表2-31

$V_i=$ (V)	$V_o=$ (V)	$A_V=$

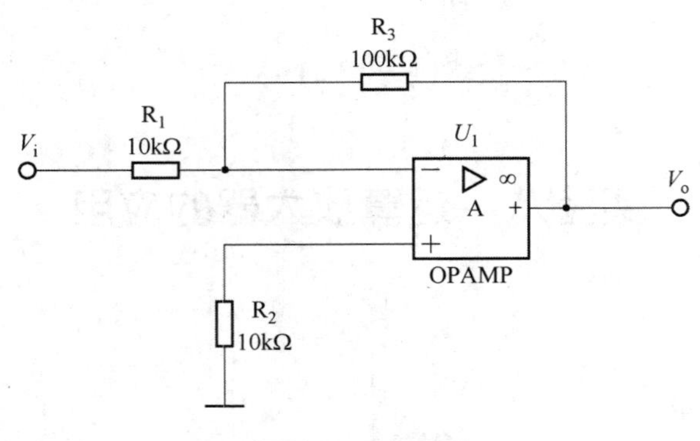

图 2-32 电路图

(2) 画出输入、输出波形，相位对齐。

图 2-33 输入波形

图 2-34 输出波形

2. 积分运算

(1) 按图 2-35 所示连线，将积分电容 C_1 接入放大器的反馈回路。将信号发生器输出的 $f=1\,000$ Hz 的方波信号加到实验电路的输入端 V_i，观察积分运算放大器的输入和输出信号波形。

(2) 画出输入、输出波形，相位对齐。

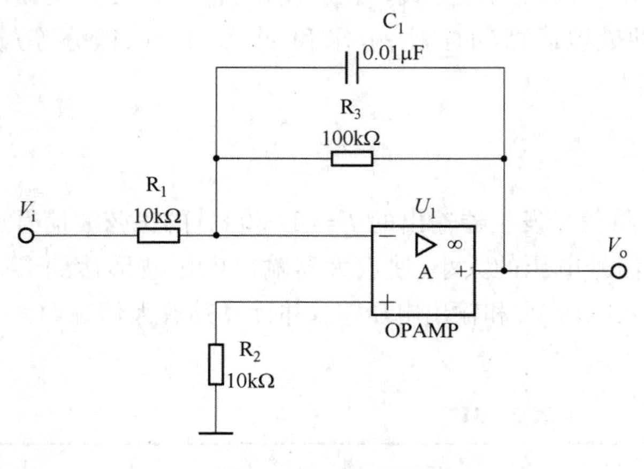

图 2-35 电路图

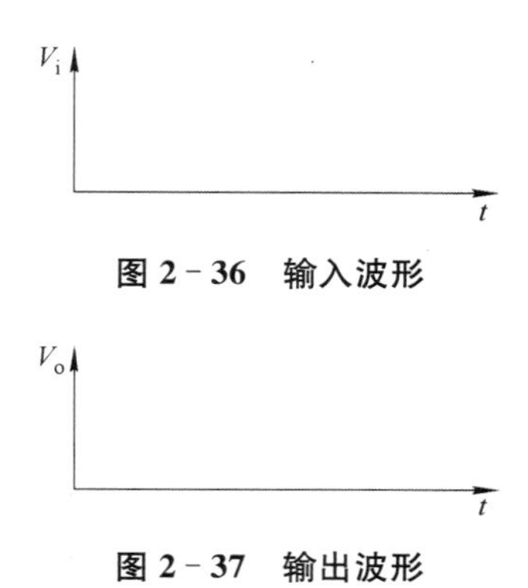

图 2－36　输入波形

图 2－37　输出波形

3. 微分运算

(1) 按图 2－38 所示连线，将信号发生器输出的 $f=50$ Hz 的方波信号加到实验电路的 V_i 输入端，观察微分运算放大器的输入和输出脉冲信号的波形。

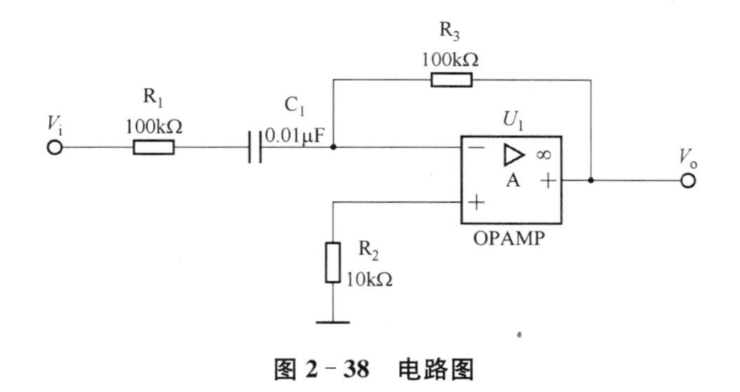

图 2－38　电路图

(2) 画出输入、输出波形，相位对齐。

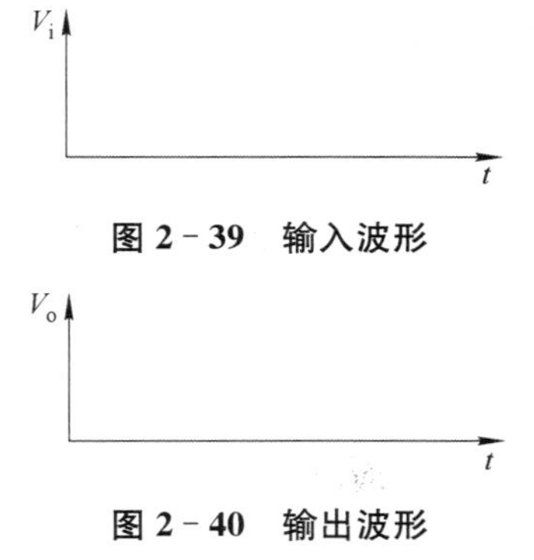

图 2－39　输入波形

图 2－40　输出波形

(二) 增强实验部分

1. 加法运算

按图 2－41 所示连线，在两个直流输入端 V_{i1} 和 V_{i2}，分别加上直流输入电压 U_1、U_2，U_1 固定，U_2 从小到大变化，观察放大器的输出端测量输出电压 V_o。验证是否符合 $V_o=-(V_{i1}+5V_{i2})$的关系。并填入表 2－32 中。

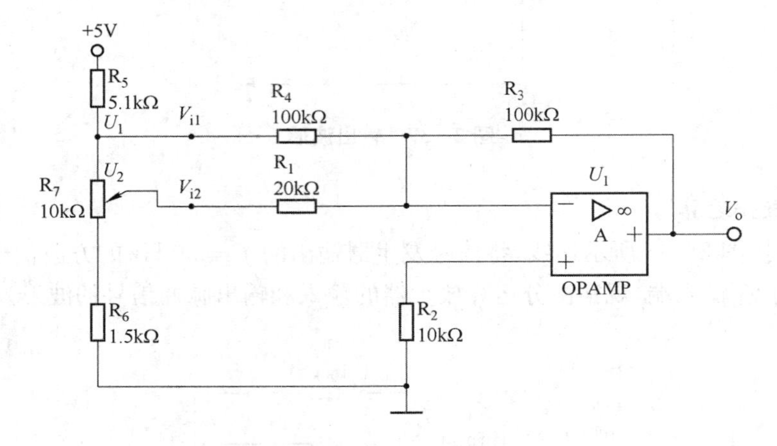

图 2－41 电路图

表 2－32 加法运算

V_{i1}(V)				
V_{i2}(V)				
V_o(V)				

2. 差分式减法运算

按图 2－42 所示连线，利用加法运算中的 U_1、U_2 两电压作为减法运算输入信号，测量各数据并填入表 2－33 中。

表 2－33 减法运算

V_{i1}(V)						
V_{i2}(V)						
V_o(V)						

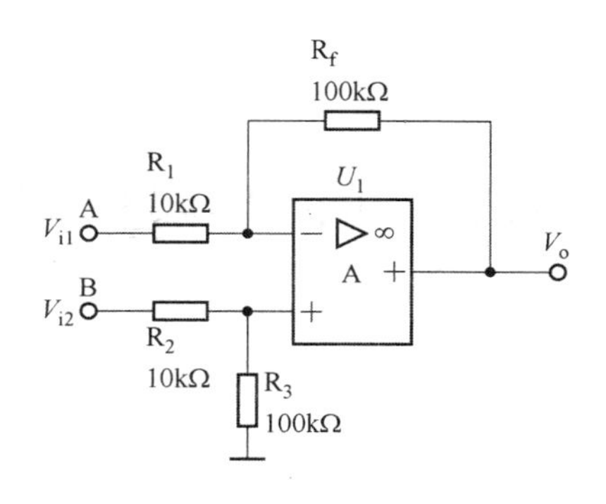

图 2-42 电路图

四、实验思考

(1) 集成运算放大器的输入、输出成线性关系,当输入电压无限增大时,输出电压将会无限增大吗?为什么?

(2) 在积分运算中,并联在 C_1 两端的 R_3 起到什么作用?

(3) 通过本次实验,你认为用运算放大器放大信号与用分立元件放大器放大信号相比有什么优点?

实验九* 射极跟随器实验

一、实验目的

(1) 掌握射极跟随器的特性及测试方法。

(2) 掌握共集电极电路的特点及用途。

二、实验预习要求

(1) 复习射极跟随器的工作原理。

(2) 根据电路图中的参数,估算出静态工作量。

(3) 写出实验预习报告。

三、实验内容与数据记录

射极跟随器是一种共集电极电路。它具有输入电阻高、输出电阻低、电压放大倍数接近于1、输出电压能够在较大范围内跟随输入电压作线性变化以及输入、输出信号同相等特点。由于其输出取自发射极,故称其为射级输出器或射级跟随器。按图2-43所示连线。

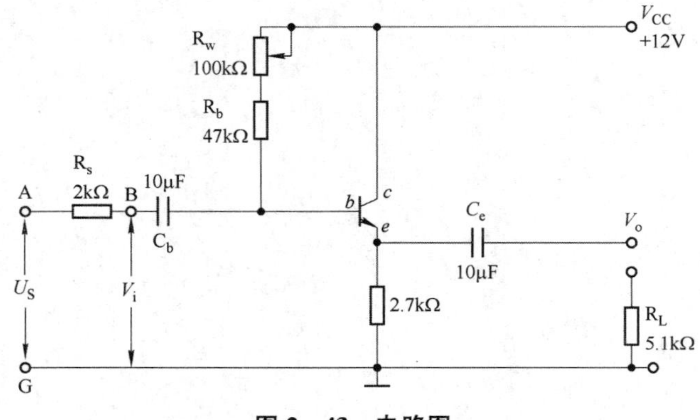

图2-43 电路图

1. 静态工作点的调整

接通直流电源，在 B 点加入 $f=1\,\text{kHz}$ 正弦信号 V_i，输出端用示波器观察输出波形，反复调整 R_w 及信号源的输出幅度，使在示波器的屏幕上得到一最大不失真输出波形，然后置 $V_i=0$，用直流电压表测量晶体管各电极对地电位，将测得数据记入表 2-34 中。

表 2-34　静态工作点

V_b(V)	V_e(V)	V_c(V)	I_e(mA)

2. 测量电压放大倍数 A_V(R_w 保持不变)

接入负载 $R_L=5.1\,\text{k}\Omega$，在 B 点加 $f=1\,\text{kHz}$ 正弦信号，调节输入信号幅度，示波器观察输出波形。在输出最大不失真情况下，用交流毫伏表测 V_i、V_o，记入表 2-35 中。

表 2-35　放大倍数

V_i(V)	V_o(V)	A_V

3. 测试跟随特性

接入负载 $R_L=5.1\,\text{k}\Omega$，在 B 点加入 $f=1\,\text{kHz}$ 正弦信号，逐渐增大信号幅度，用示波器观察输出波形直至输出波形达最大不失真，测量对应的 V_o 值，记入表 2-36 中。

表 2-36　输入波形幅度对输出波形影响

V_i(V)						
V_o(V)						

4. 测试频率响应特性

保持输入信号幅度不变，改变信号源频率，用示波器观察输出波形，用交流毫伏表测量不同频率下的输出电压 V_o 值，记入表 2-37 中。

表 2－37　输入信号频率对输出波形影响

f(kHz)						
V_o(V)						

四、实验思考

(1) 整理实验数据，并画出 $V_o = f(V_i)$ 及 $V_o = f(f)$ 的曲线。

(2) 总结射极跟随器的特点，并举例它的应用。

实验十　组合逻辑电路实验

一、实验目的

(1) 掌握与非门的逻辑功能。
(2) 利用与非门组成其他逻辑门电路。
(3) 观察与非门的控制作用。
(4) 掌握半加器、全加器的特性及功能。

二、实验预习要求

(1) 复习各种基本门电路的结构及功能。
(2) 预习 74LS00、74LS10、74LS86、74LS51 等集成电路的管脚排列、管脚定义及作用。
(3) 如何判别与非门是否正常工作?
(4) 写出实验预习报告。

三、实验内容与数据记录

逻辑门电路是数字逻辑电路的基本单元,是对数字逻辑信号进行运算的硬件电路。其中与非门是组成数字逻辑电路的最基本的门电路。它的逻辑功能是当全部输入端为高电平“1”时,输出端才是低电平“0”,否则,输出端为高电平“1”。

(一) 基本实验部分

1. 测试与非门的逻辑功能

在集成电路上任选一个与非门,按图 2-44 所示接线。当输入端(A, B, C)为下列情况时,分别测出输出端(F)的电位,并转换成逻辑状态,将测试结果填入表 2-38 中。

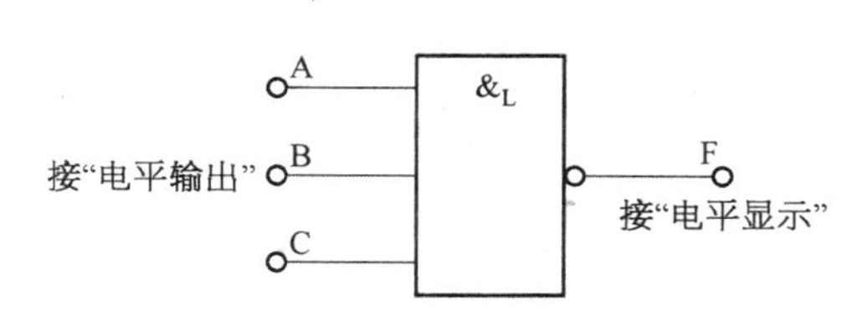

图 2-44　电路图

表 2-38 组合电路输入、输出测量(与非门)

输入端			输出端 F	
A	B	C	电位(V)	逻辑状态
1	1	1		
0	1	1		
0	0	1		
0	0	0		

2. 利用与非门组成其他逻辑门电路,并测试其逻辑功能

(1) 组成与门电路。根据与门的逻辑表达式 F=A·B 得知,可以用两个与非门组成与门。

1) 画出与门测试电路图。

2) 当与门的输入端(A、B)为下列情况时,分别测出输出端(F)的逻辑状态,并将结果填入表 2-39 中。

表 2-39 组成与门电路

输入		输出
A	B	F
0	0	
0	1	
1	0	
1	1	

(2) 组成或门电路。或门的逻辑表达式为 F=A+B,因此可以用三个与非门组成或门。

1) 画出或门电路的测试图。

2) 当或门输入端,(A、B)为下列情况时,分别测出输出端(F)的逻辑状态,并将结果填入表 2-40 中。

表 2-40 组成或门电路

输 入		输 出
A	B	F
0	0	
0	1	
1	0	
1	1	

(3) 组成或非门电路。或非门的逻辑表达式为 $F=\overline{A+B}$,因此可以用四个与非门组成或非门。

1) 画出或非门的测试电路图。

2) 将输出(F)的测试结果填入表 2-41 中。

表 2-41 组成或非门电路

输 入		输 出
A	B	F
0	0	
0	1	
1	0	
1	1	

(4) 组成异或门电路。异或门的逻辑表达式为 $F=A\oplus B$。

1) 将异或门的逻辑表达式化成与非—与非表达式。

2) 画出异或门的测试电路图。

3) 将测试结果填入表 2-42 中。

表 2-42 组成异或门电路

输 入		输 出
A	B	F
0	0	
0	1	

（续表）

输　　入		输　　出
A	B	F
1	0	
1	1	

3. 观察与非门对逻辑脉冲的控制作用

在集成电路上任找一个与非门，将与非门的一个输入端接时钟脉冲(1 kHz)，其余输入端一起接“电平”，将“电平”开关置“1”或置“0”，用示波器分别观察输出端(F)的波形，并作好记录(接线见图 2-45)。输入、输出波形画于图 2-46 中。

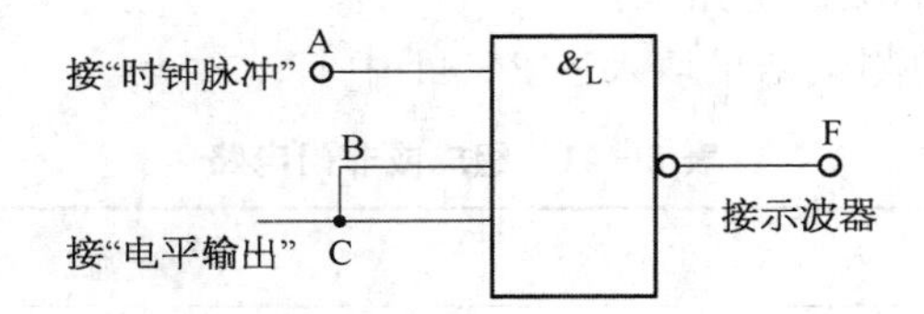

图 2-45　电路图

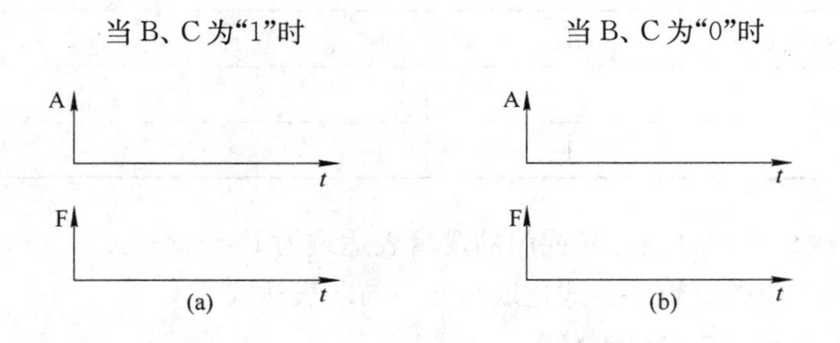

图 2-46　波形图

(二) 增强实验部分

1. 半加器

按图 2-47 所示连线，用与非门组成半加器，并将测试结果填入表 2-43 中。

2. 全加器

按图 2-48 所示连线，将输入端 A_i、B_i、C_{i-1} 分别接入高、低电平，观察输出端 S_i、C_i 的逻辑状态，并将数据填入表 2-44 中。

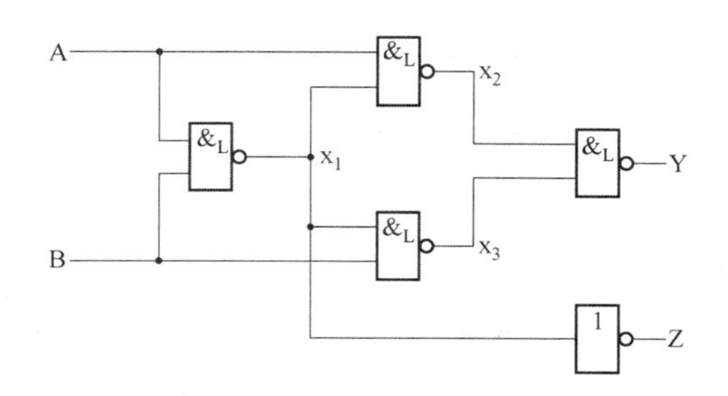

图 2-47　电路图

表 2-43　半 加 器

被　加　数	加　　数	半　加　数	进　　位
A	B	Y	Z
0	0		
0	1		
1	0		
1	1		

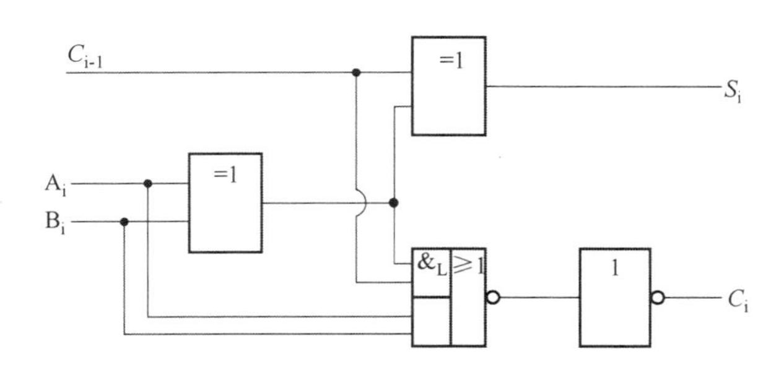

图 2-48　电路图

表 2-44　全 加 器

被加数	加　　数	低位进位	全加和	进　　位
A_i	B_i	C_{i-1}	S_i	C_i

（续表）

被加数	加　数	低位进位	全加和	进　位
A_i	B_i	C_{i-1}	S_i	C_i

四、实验思考

(1) 总结用与非门组成各种逻辑门的基本方法。

(2) 写出半加器和全加器的逻辑表达式。

(3) 与非门多余的输入端如何处理？

(4) 用万用表测量与非门的电位时，负表棒应接在与非门哪一个脚上？

实验十一　触发器及计数器实验

一、实验目的

(1) 掌握常用触发器的逻辑功能及其互相转换的方法。

(2) 利用JK触发器组成3位二进制异步加法及减法计数器。

(3) 掌握异步十进制加法计数器的组成及原理。

二、实验预习要求

(1) 预习JK触发器(74LS107)、与非门(74LS00)的结构、管脚排列、管脚定义和其用途。

(2) 掌握常用触发器的工作原理。

(3) 掌握计数器工作原理及组成方法。

三、实验内容与数据记录

触发器是组成时序电路的最基本单元,它有两种稳定状态,即“0”和“1”状态。只有在一定的外界信号作用下,才能改变原来的稳定状态。若无外界信号作用,将维持原稳定状态。因此它是一种有记忆功能的电路,可以组成各种计数器。计数器是实现“计数”操作的时序电路,其广泛用于各个领域。

(一) 基本实验部分

1. JK触发器的功能测试

按图2-49所示连线(CP接单脉冲,$\overline{R}_D$、J、K分别接电平Q,$\overline{Q}$接电平显示),

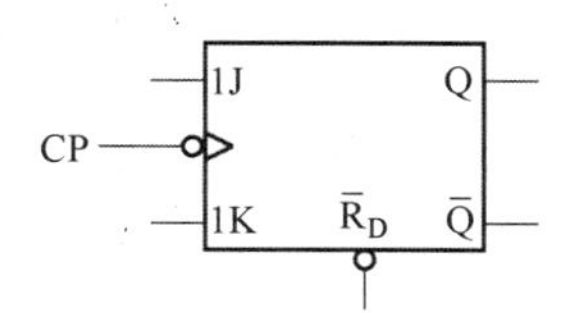

图2-49　JK触发器逻辑符号

将测试结果填入表 2－45、表 2－46 中。

表 2－45 $\overline{R}_D$ 端作用

J	K	$\overline{R}_D$	Q	$\overline{Q}$
×	×	0		
×	×	1		

表 2－46 J、K 端作用

J	K	Q_n	Q_{n+1}	$\overline{Q_{n+1}}$
0	1	1		
		0		
1	0	1		
		0		
0	0	1		
		0		
1	1	1		
		0		

2. 3 位二进制异步加法计数器

按图 2－50 所示接线，以单脉冲输入方式完成表 2－47 中所要求的各处逻辑状态的测试，以连续时钟脉冲输入的方式，完成图 2－50 中 Q_A、Q_B、Q_C 各点电压波形的测试，画出波形图，并相位对齐。

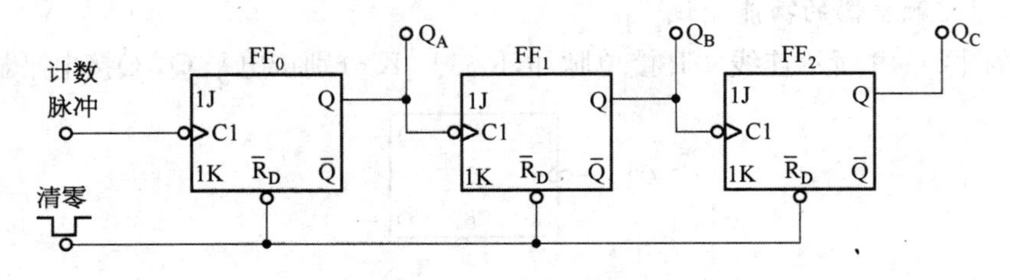

图 2－50 电路图

表 2－47　加法计数器状态测量

CP 数	二进制码		
	Q_C	Q_B	Q_A
0	0	0	0
1			
2			
3			
4			
5			
6			
7			
8			

3. 3 位二进制异步减法计数器

按图 2－51 所示接线，以单脉冲输入方式完成表 2－48 中所规定的各处逻辑状态的测试，以连续时钟脉冲输入的方式，完成图 2－51 中 Q_A、Q_B、Q_C 各点电压波形的测试，画出波形图，并相位对齐。

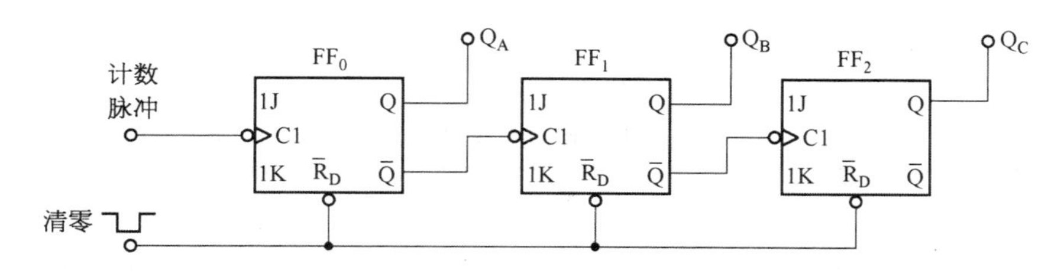

图 2－51　电路图

表 2－48　减法计数器状态测量

CP 数	二进制码		
	Q_C	Q_B	Q_A
0	0	0	0
1			

（续表）

CP 数	二 进 制 码		
	Q_C	Q_B	Q_A
2			
3			
4			
5			
6			
7			
8			

(二) 增强实验部分

1. JK 触发器转换成 D 触发器

按图 2－52 所示连线，将实验数据填入表 2－49 中。

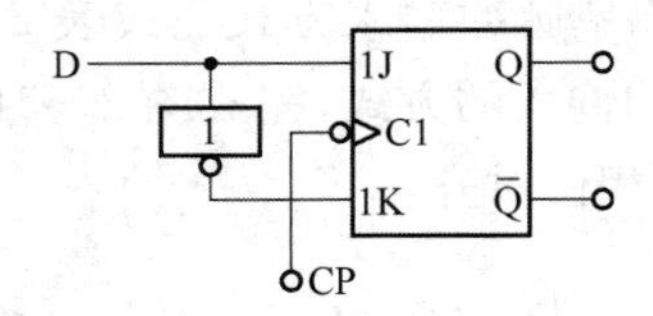

图 2－52 电路图

表 2－49 JK 转换成 D 触发器

D	CP	$Q^{(n+1)}$	
		$Q^{(n)}=0$	$Q^{(n)}=1$
0	1		
	2		
1	3		
	4		

2. JK 触发器转换成 T 触发器

按图 2－53 所示连线，将实验数据填入表 2－50 中。

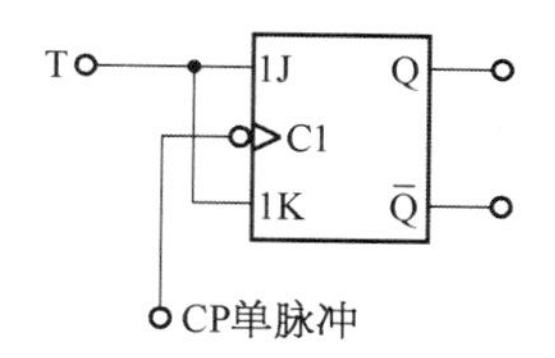

图 2-53 JK 转换成 T 触发器电路

表 2-50 JK 转换成 T 触发器

T	CP	$Q^{(n+1)}$	
		$Q^{(n)}=0$	$Q^{(n)}=1$
0	1		
	2		
1	3		
	4		

3. 异步十进制加法计数器

按图 2-54 所示连线，计数脉冲 CP 为单脉冲，Q_A、Q_B、Q_C、Q_D 分别接电平显示和数字显示，将实验数据填入表 2-51 中。将计数脉冲 CP 改为时钟脉冲，观察 Q_A、Q_B、Q_C、Q_D 的波形并记录之。

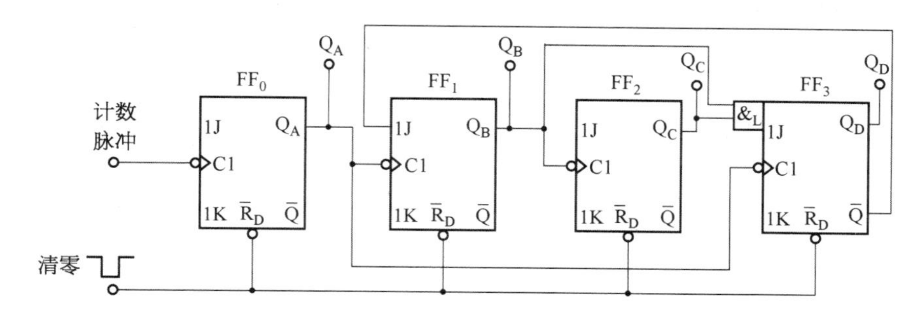

图 2-54 计数器电路图

表 2-51 异步十进制加法计数器

CP 数	二 进 制 码				字 型
	Q_D	Q_C	Q_B	Q_A	
0	0	0	0	0	0
1					
2					
3					
4					
5					
6					
7					
8					
9					
10					

四、实验思考

(1) 掌握 JK 触发器、D 触发器、T 触发器的特点及转换方法。

(2) JK 触发器(74LS107)是上升沿触发还是下降沿触发?

(3) JK 触发器(74LS107)的$\overline{R}_D$ 端在正常使用时,应接高电平还是低电平?

(4) 绘制十进制加法计数器的输出波形图。

实验十二* 组合逻辑设计实验

旅客列车分特快、直快和普快，并依次为优先通行次序。某站在同一时间只能有一趟列车从车站开出，即只能给出一个开车信号，设 A、B、C 分别代表特快、直快和普快，开车信号分别为 Y_A、Y_B、Y_C。

用逻辑装置中的门电路构成逻辑电路实现。

实验要求：

(1) 列出真值表。

(2) 画逻辑电路图。

(3) 在逻辑装置中实现逻辑关系。

实验十三* 时序逻辑设计实验

试用 JK 触发器(74LS107)及部分与非门等,设计一个异步九进制加法计数器。

实验要求:

(1) 拟定设计方案。

(2) 画出电路图及输出波形。

(3) 并在逻辑装置上验证。

第三章 软件仿真实验

第一节 Multisim 电路仿真软件简介及其应用

Multisim 是原 EWB(Electronics Workbench)软件的升级版本。用它进行实验教学，一方面可以克服实验室各种条件限制；另一方面又可以针对不同目的(验证、测试、设计、纠错和创新)进行训练，培养学生分析、应用和创新的能力。与传统的实验方式相比，采用 Multisim 软件进行电路分析与设计，突出了实践教学以学生为中心的开放模式。不仅实验效率得到提高，还能训练学生正确地使用测量方法和熟练地使用仪器。仿真实验几乎可以完成在实验室进行的所有电子电路实验，并和实际实验情况非常贴切，选用的元件和仪器也和实际情况非常相近。由于 Multisim 软件是基于 Windows 操作环境的，它的操作方法和其他基于 Windows 环境下的软件一样，所见即所得。同时，Multisim 软件还在 EWB 的基础上，增加了射频电路的仿真功能，扩充元件库，增加了瓦特计、失真仪、频谱分析仪和网络分析仪等新的测试仪表，支持 VHDL 语言的电路仿真与设计。总之该软件具有入门容易、结合实际、富有趣味等特点。由于 Multisim 软件具有丰富的元件库、强大的仿真功能，因此在实验教学中，被广泛应用。

一、Multisim 仿真软件的安装

本文以安装 Multisim 7 Demo 版为例。

1. 安装条件

安装时，系统必须满足以下要求：

(1) 操作系统：Windows 2000/XP。

(2) CPU 等级：Pentiun Ⅱ以上。

(3) RAM：128 MB 以上。

(4) 显示器：分辨率至少 800 像素×600 像素。

(5) 光驱：必备。

(6) 硬盘：至少 200 MB。

2. 安装步骤

(1) 退出所有 Windows 应用程序。

(2) 将光盘放入光驱，打开光驱点击光盘中的“SETUP. EXE”安装程序，屏幕显示见图 3-1、图 3-2。

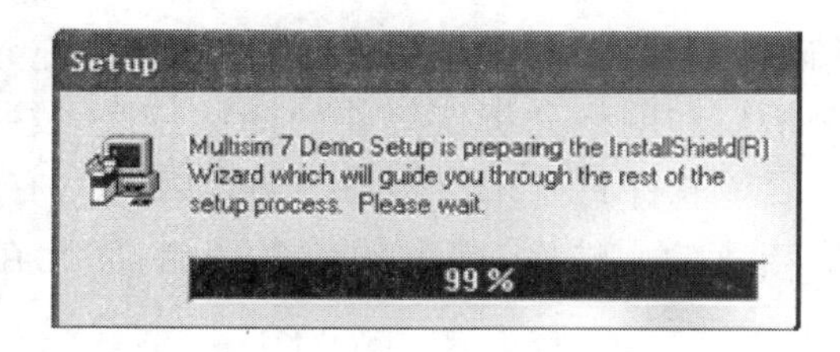

图 3-1 屏幕显示(一)

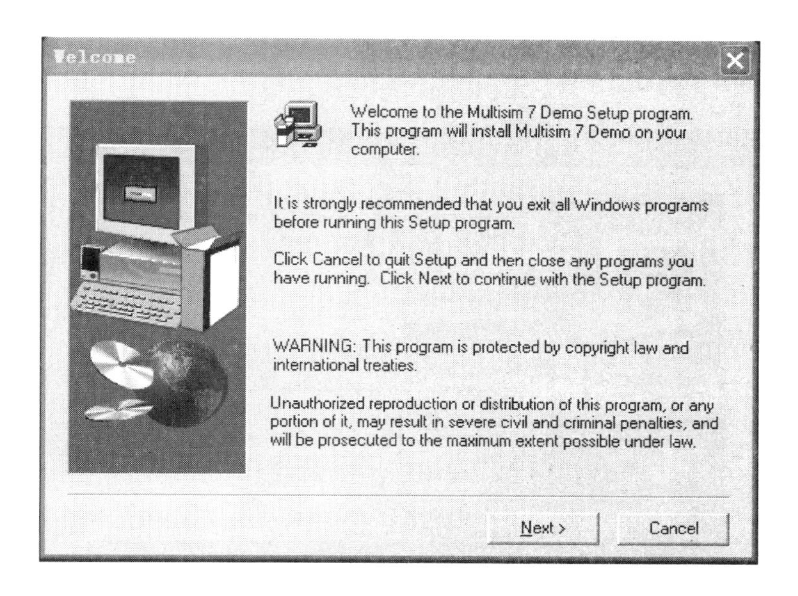

图 3－2　屏幕显示(二)

用鼠标点击“Next”,屏幕显示如图 3－3 所示。

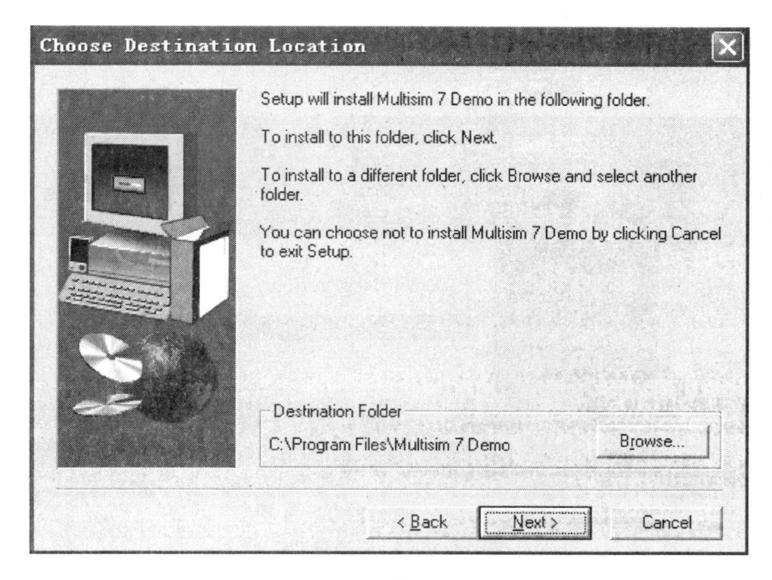

图 3－3　屏幕显示(三)

用鼠标点击“Browse”按钮，选择安装路径，然后点击“Next”，屏幕显示如图 3－4 所示。

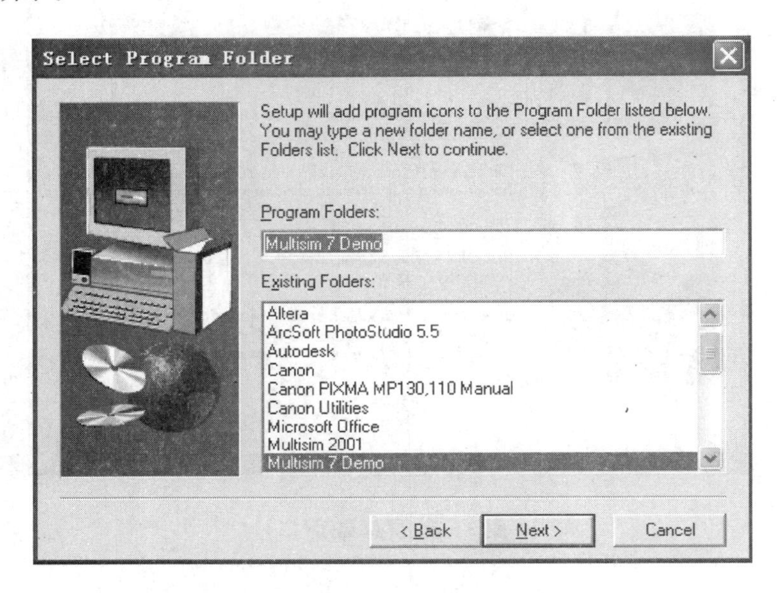

图 3－4　屏幕显示(四)

继续点击“Next”，屏幕显示安装模块过程见图 3－5、图 3－6。

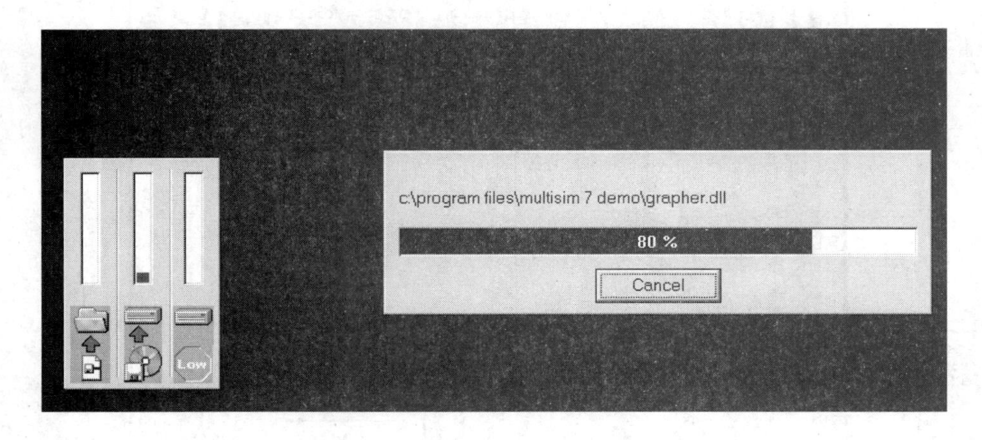

图 3－5　屏幕显示(五)

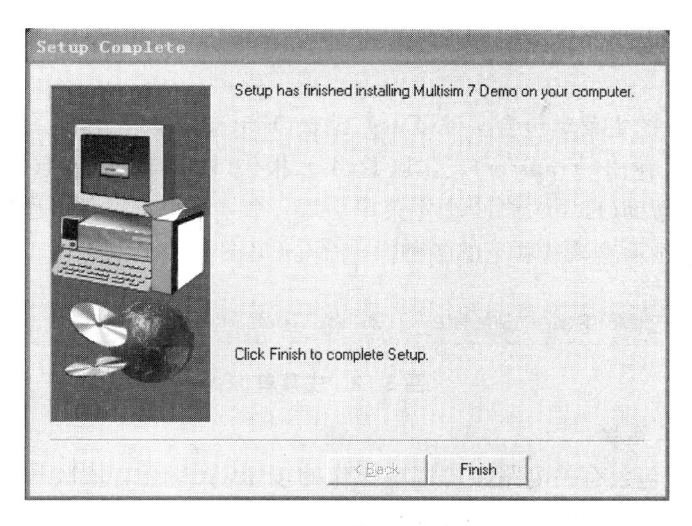

图 3-6　屏幕显示(六)

点击"Finish"完成软件安装。

二、Multisim 主窗口

启动 Multisim 软件,屏幕出现该软件的主窗口(见图 3-7)。

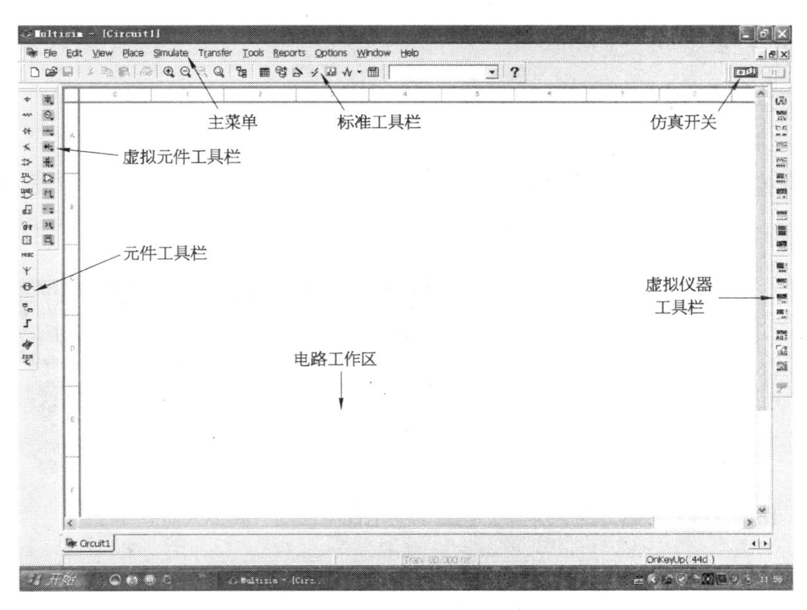

图 3-7　主窗口

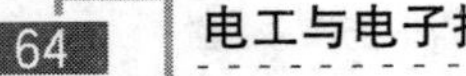

主窗口是该软件的控制中心，分成以下几个部分。

1. 主菜单

Multisim 的主菜单包含文件(File)、编辑(Edit)、显示(View)、放置(Place)、仿真(Simulate)、输出(Transfer)、工具(Tools)、报告(Reports)、选项(Options)、窗口(Window)和帮助(Help)等 11 个主菜单。每一个主菜单选项都可用鼠标单击打开其下拉菜单，显示出该选项下的各种操作命令(见图 3-8)。

File Edit View Place Simulate Transfer Tools Reports Options Window Help

图 3-8 主菜单

2. 标准工具栏

该工具栏包含有关电路窗口基本操作的按钮，从左至右依次是新建、打开、保存、剪切、复制、粘贴、打印、放大、缩小，100%放大、全屏显示、项目栏、电路元件属性视窗、数据库管理、创建元件、仿真启动、图表、分析、后处理，使用元件列表和帮助按钮(见图 3-9)。

图 3-9 标准工具栏

3. 仿真开关

它主要用于仿真过程开启、暂停等(见图 3-10)。

4. 虚拟元件工具栏

该虚拟元件工具栏(呈墨绿色)主要提供一些常用的虚拟元件，单击某一个虚拟按钮时，会弹出该按钮下的元件库(见图 3-11)。

图 3-10 仿真开关

图 3-11 虚拟元件工具栏

5. 元件工具栏

该软件具有 13 个元件库，供使用者调用。单击某一个库的图标，会弹出相对该图标的元器件，供使用者选择(见图 3-12)。

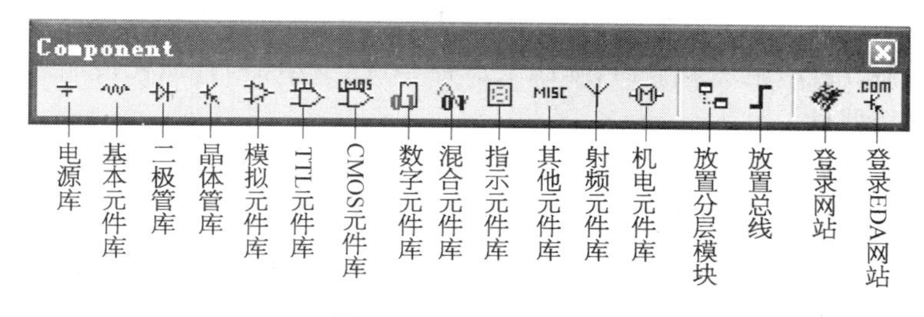

图 3-12 元件工具栏

(1) 电源库：它分别包含电源、电压信号源、电流信号源、控制功能模块、受控电压源及受控电流源等器件。

(2) 基本元件库：它分别包含基本虚拟器件、额定虚拟器件、3D 虚拟器件、电阻、电阻排、电位器、电解电容、电容、可变电容、可变电感、电感、开关、变压器、非线性变压器、Z 负载、继电器、连接器及插座等器件。

(3) 二极管库：它分别包含虚拟二极管、二极管、齐纳二极管、发光二极管、桥式整流器、可控硅整流器、双向开关二极管、可控硅开关及变容二极管等器件。

(4) 晶体管库：它分别包含虚拟晶体管、NPN 晶体管、PNP 晶体管、达灵顿 NPN 晶体管、达灵顿 PNP 晶体管、BJT 晶体管阵列、绝缘栅双极型晶体管、三端 N 沟道耗尽型 MOS 管、三端 N 沟道增强型 MOS 管、三端 P 沟道增强型 MOS 管、单结晶体管等器件。

(5) 模拟元件库：它分别包含模拟虚拟器件、运算放大器、诺顿运算放大器、比较器、宽带放大器及特殊功能运算放大器等器件。

(6) TTL 元件库：它分别包含 74STD 系列集成电路，型号为 7400～7493；74LS 系列低功耗集成电路，型号为 74LS00N～74LS93N 等器件。

(7) CMOS 元件库：它分别包含 4×××型(CMOS_5 V、10 V、15 V)系列 CMOS 逻辑器件、74HC 型(高速 74HC_2 V、4 V、6 V)系列 CMOS 逻辑器件。

(8) 数字元件库：它分别包含 TTL 电路的与非门、非门、异或门、RAM、三态门等 VHDL 编写的若干常用的数字逻辑器件及 VERILOG_HDL 编写的若干常用的数字逻辑器件。

(9) 混合元件库：它分别包含 555 定时器、单稳态触发器、模拟开关、锁相环、AD/DA 转换器等器件。

(10) 指示元件库：它分别包含电压表、电流表、探测器、蜂鸣器、灯泡、虚拟灯泡、十六进制显示器及条形光柱等器件。

(11) 其他元件库：它分别包含虚拟元件(晶振、电机光耦等虚拟元件)、传感器、真空管、晶振、溶丝、电压调节器、降压变压器、升压变压器、有损耗传输线、无损耗传输线、网络等器件。

(12) 射频元件库：它分别包含射频电容器、射频电感器、射频 NPN 晶体管、射频 PNP 晶体管、射频 MOSFET、射频隧道二极管及射频传输线。

(13) 机电元件库：它分别包含感测开关、瞬时开关、接触器、定时接触器、线圈、继电器、线性变压器、保护装置、输出装置等器件。

6. 虚拟仪器工具栏

Multisim 7 软件提供 17 种虚拟仪器(见图 3－13)。使用时，只需用鼠标单击虚拟仪器工具栏上的图标，然后将该仪器拖到电路工作区，双击该图标，打开该仪器的控制面板，设置参数，使用非常方便。

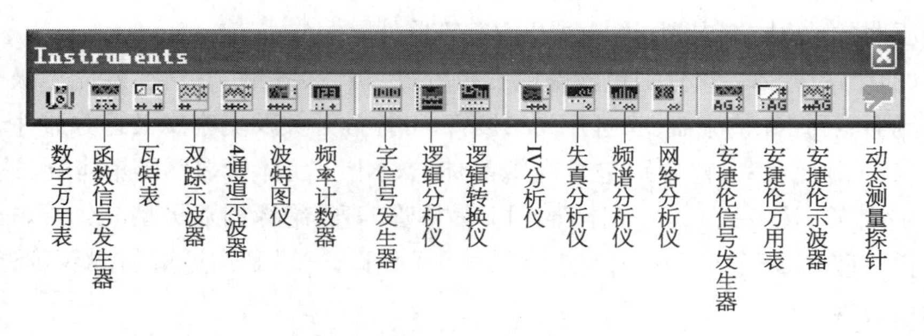

图 3－13　虚拟仪器工具栏

三、虚拟仪器简介

1. 电压表和电流表

电压表和电流表都放在指示元器件库中，其图标(见图 3－14)。在使用中数量没有限制，可用于测量交(直)流电压和交(直)流电流，其中电压表并联、电流表串联。

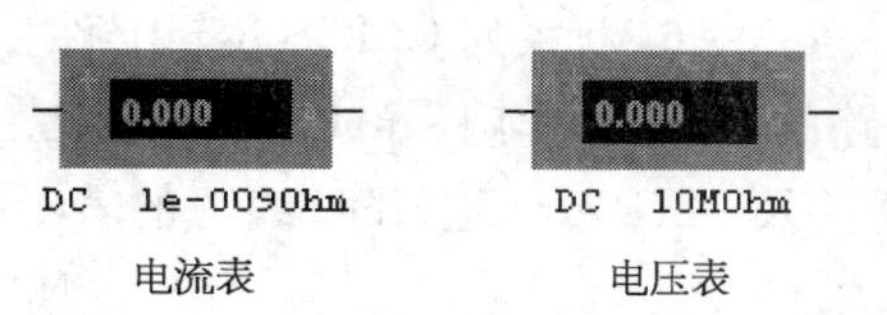

图 3－14　电压表和电流表

(1) 电压表。双击电压表图标将弹出电压表参数对话框。电压表预置的内阻很高，在 10 MΩ 以上。电压表参数设置对话框包括 Label(标识)、Display(显示)、Value(数值)页的设置，设置方法与元器件中标签、编号、数值、模型参数的设置方法相同。

(2) 电流表。双击电流表图标将弹出电流表参数对话框。电流表预置的内阻很低,为1 nΩ。电流表参数设置对话框包括 Label(标识)、Display(显示)、Value(数值)页的设置,设置方法与元器件中标签、编号、数值、模型参数的设置方法相同。

2. 数字万用表

数字万用表是一种多用途的常用仪器,它能完成交直流电压、电流、电阻的测量及显示,也可以用分贝(dB)形式显示电压和电流,其图标和面板见图 3-15,双击图标弹出设置面板。

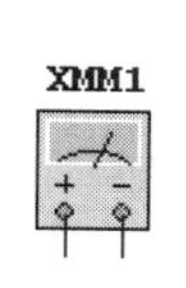

(a) 图标

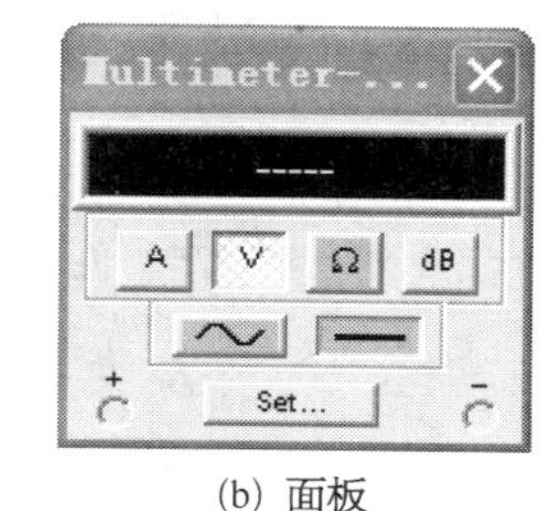

(b) 面板

图 3-15 图标和面板

(1) 使用。图标上的正(+)、负(-)两个端子用于连接所要测试的端点,与现实万用表一样,使用时必须遵循如下原则:

1) 测量电压时,数字万用表图标的正、负端子应并联在被测元件两端。

2) 测量电流时,数字万用表图标的正、负端子应串联于被测支路中。

3) 测量电阻时,数字万用表图标的正、负端子应与所要测试的端点并联,使电子工作台"启动/停止开关"处于"启动"状态。

(2) 面板设置。数字万用表面板共分 4 个区,从上到下、从左至右各区的功能如下:

1) 显示区:显示万用表测量结果,测量单位由万用表自动产生。

2) 功能设置区:单击面板上各按钮,可进行相应的测量与设置。单击"A"按钮,可以测量电流;单击"V"按钮,可以测量电压;单击"Ω"按钮,可以测量电阻;单击"dB"按钮,测量结果以分贝(dB)值表示。

3) 选择区:单击"~"按钮,表示测量各交流参数,测量值是其有效值,单击"—"按钮,测量各直流参数,如果在直流状态下用以测量交流信号,则其测量所得的值是其交流信号的平均值。

4) 参数设置区:"Set"(参数设置)按钮用于对数字万用表内部的参数进行设置。单击数字万用表面板中的"Set"按钮,就会弹出如图 3-16 所示的对话框,该对话框中包括两栏:电子设置栏和显示设置栏,其参数设置如下:

① Electronic Setting(电子设置)栏:

Ammeter resistance (R):用于设置与电流表并联的内阻,其大小会影响电流的测量精度;

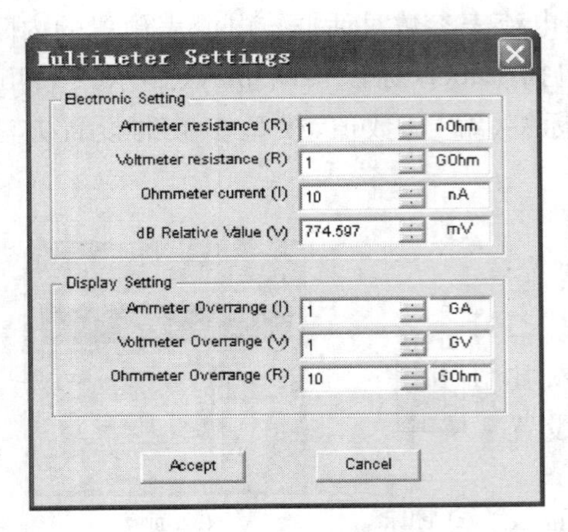

图 3-16 对话框

Voltmeter resistance (R)：用于设置与电压表串联的内阻，其大小会影响电压的测量精度；

Ohmmeter current (I)：用于设置用欧姆表测量时，流过欧姆表的电流；

DB Relative Value (V)：相应的 dB 电压值。

② Display Setting(显示设置)栏：

Ammeter Overrange (I)：用于设置电流表范围；

Voltmeter Overrange (V)：用于设置电压表范围；

Ohmmeter Overrange (R)：用于设置欧姆表范围。

3. 瓦特表

瓦特表是用于测量电路功率的一种仪表。它测得的是电路有效功率，即电路终端的电势差与流过该终端电流的乘积，单位为瓦特。另还能测量功率因数。因此在电路测量中得到广泛应用。其图标和面板见图 3-17。双击图标弹出设置面板。

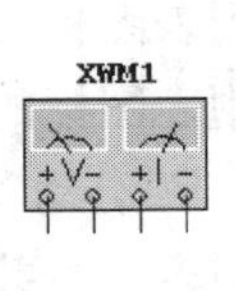

(a) 图标

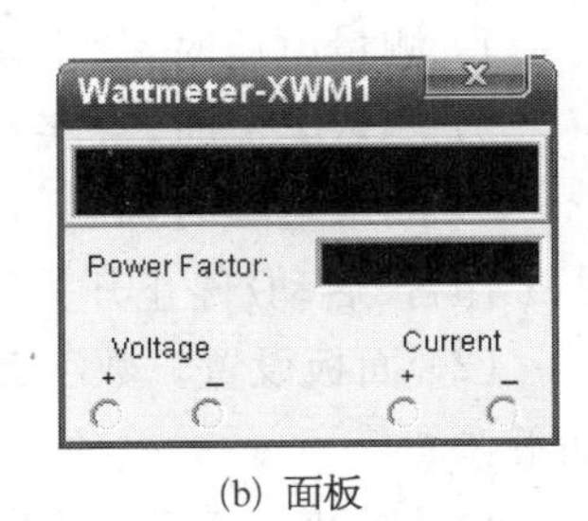

(b) 面板

图 3-17 图标和面板

(1) 使用。瓦特表图标中有两组端子：左边两个端子为电压输入端子，与所要测试电路并联；右边两个端子为电流输入端子，与所要测试电路串联。

(2) 面板设置。瓦特表面板共分两栏，其功能如下：

1) 显示栏：显示所测量的功率，该功率是平均功率，单位自动调整；

2) Power Factor 栏：显示功率因数，数值在 0～1 之间。

4. 函数信号发生器

函数信号发生器是一种能产生正弦波、三角波及方波的信号源，可以为电路实验提供方便、真实的激励信号。输出信号的频率、幅度、占空比及直流分量等都可以设置。其图标和面板见图 3-18。双击图标弹出设置面板。

(1) 使用。连接“+”和“Common”端子，输出信号为正极性信号；连接“－”和“Common”端子，输出信号为负极性信号；连接“+”和“－”端子，输出信号为双极性信号；同时连接“+”、“Common”和“-”端子，并把“Common”端子与电路的公共地(Ground)符号相连，则输出两个幅值相等、极性相反的信号。

(2) 面板设置。通过函数信号发生器面板上的相关设置，可改变输出电压信号的波形类型、大小、占空比或偏置电压等。

1) Waveforms 选项组：选择输出信号的波形类型，有正弦波、三角波和方波 3 种周期性信号供选择。

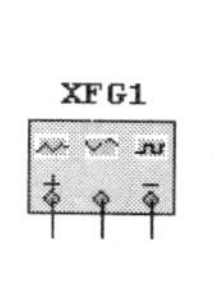

(a) 图标

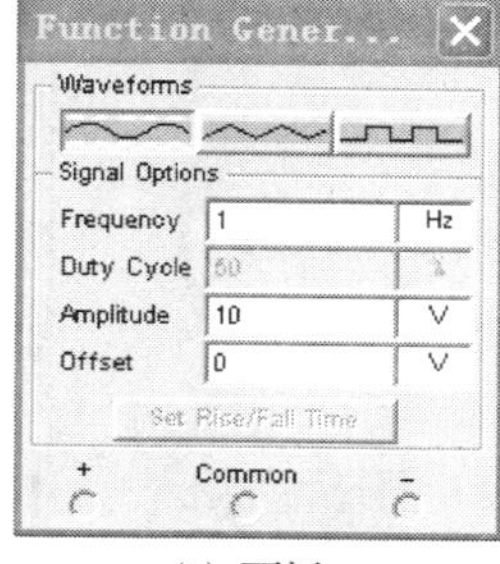

(b) 面板

图 3-18　图标和面板

2) Signal Options 选项组：对 Waveforms 选项组中选取的信号进行相关参数设置。

3) Frequency：设置所要产生信号的频率，范围为 1 Hz～999 MHz。

4) Duty Cycle：设置所要产生信号的占空比，范围为 1%～99%。此设置仅对三角波和方波有效。

5) Amplitude：设置所要产生信号的幅值，范围为 1 μV～999 kV。

6) Offset：设置偏置电压值，范围为 1 μV～999 kV。

7) Set Rise/Fall Time 按钮：设置所要产生信号的上升时间与下降时间，而该按钮只有在方波时有效。单击该按钮后，弹出参数输入对话框，其可选范围为 1 ns～500 ms，默认值为 10 ns。

5. 双踪示波器

示波器是用于观察信号波形并测量信号幅度、频率及周期等参数的仪器，是电子实验中使用最为频繁的仪器之一。其图标和面板见图 3-19。双击图标弹出设置面板。

(1) 使用。双踪示波器有 A、B 两个通道，G 是接地端，T 是外触发端。用示波器进行测量时，可以连接电路。A、B 两个通道分别用一根线与被测点相连，示波器上 A、B 两通道显示的波形即为被测点与“地”之间的波形。测量时，接地端 G 一般要接地(当电路中已有接地符号时，也可不接地)。

(2) 面板设置。双踪示波器的面板主要由显示屏以及游标测量参数显示区、Timebase 区、Channel A 区、Channel B 区和 Trigger 区这 6 个部分组成。由于显示屏较简单，这里不作介绍。

1) Timebase 区：Timebase 区用来设置 X 轴的时间基准扫描时间。

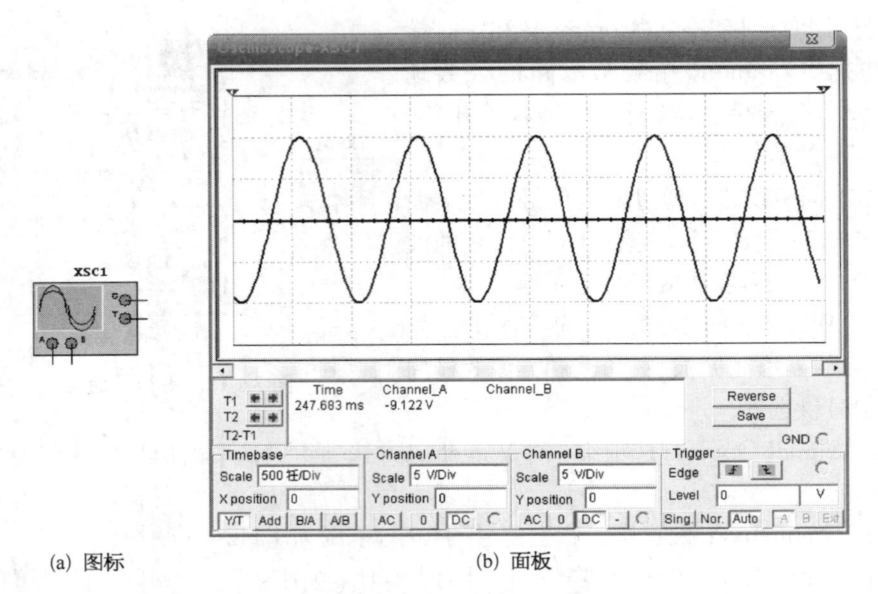

(a) 图标　　　　(b) 面板

图 3-19　图标和面板

- Scale：设置 X 轴方向每一大格所表示的时间。单击该栏出现一对上下翻转箭头，可根据显示信号频率的高低，通过上、下翻转箭头选择合适的时间刻度。例如，一个周期为 1 kHz 的信号，扫描时基参数应设置在 1 ms 左右。
- X Position：表示 X 轴方向时间基准的起点位置。
- Y/T：显示随时间变化的信号波形。
- B/A：将 A 通道的输入信号作为 X 轴扫描信号，B 通道的输入信号施加在 Y 轴上。
- A/B：与 B/A 相反。
- ADD：显示的波形是 A 通道的输入信号和 B 通道的输入信号之和。

2) Channel A 区：Channel A 区用来设置 A 通道的输入信号在 Y 轴的显示刻度。

- Scale：设置 Y 轴的刻度。
- Y position：设置 Y 轴的起点。
- AC：显示信号的波形只含有 A 通道输入信号的交流成分。
- 0：A 通道的输入信号被短路。
- DC：显示信号的波形含有 A 通道输入信号的交、直流成分。

3）Channel B 区：Channel B 区用来设置 B 通道的输入信号在 Y 轴的显示刻度，其设置方法与通道 A 相同。

4）Trigger 区：Trigger 区用来设置示波器的触发方式。

- Edge：表示将输入信号的上升沿或下降沿作为触发信号。
- Level：用于选择触发电平的大小。
- Sing.：当触发电平高于所设置的触发电平时，示波器就触发一次。
- Nor.：只要触发电平高于所设置的触发电平时，示波器就触发一次。
- Auto：若输入信号变化比较平坦或只要有输入信号就尽可能显示波形时，就选择它。
- A：用 A 通道的输入信号作为触发信号。
- B：用 B 通道的输入信号作为触发信号。
- Ext.：用示波器的外触发端的输入信号作为触发信号。

5）游标测量参数显示区：游标测量参数显示区是用来显示两个游标所测得的显示波形的数据。可测量的波形参数有游标所在的时刻、两游标的时间差、通道 A、B 输入信号在游标处的信号幅度。通过单击游标中的左右箭头，可以移动游标。

6. 波特图仪

波特图仪是用于测量和显示一个电路、系统或放大器幅频特性 $A(f)$ 和相频特性 $\varphi(f)$ 的一种仪器，类似于实验室的频率特性测试仪（或扫频仪）。其图标和面板见图 3－20。双击图标弹出设置面板。

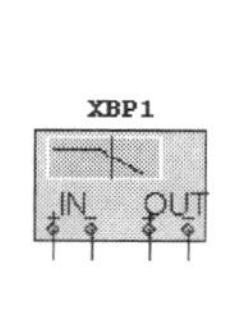

(a) 图标

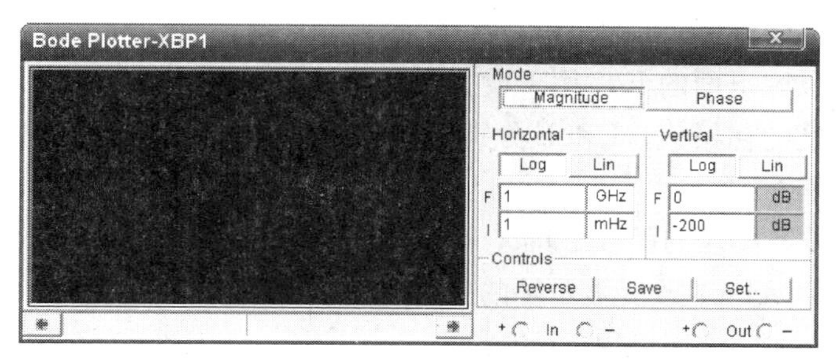

(b) 面板

图 3－20　图标和面板

（1）使用。波特图仪的图标包括 4 个接线端：左边“IN”是输入端口，其“＋”、“－”分别与电路输入端和模拟地相联（其“－”端相当于扫频仪的公共端或接地端）；右边“OUT”是输出端口，其“＋”、“－”分别与电路输出端和模拟地相联。由于波特图仪本身没有信号源，因此在使用时，必须在电路的输入端口示意性地接入一个交流信号源，而对信号源设置无特殊的要求。

(2) 面板设置。波特图仪面板共分 6 个区，以下从左至右、从上到下对它们分别加以介绍。

1) 显示区：显示波特图仪测量结果。

2) Mode(模式)区：

- Magnitude：在左边显示屏里显示幅频特性曲线。
- Phase：在左边显示屏里显示相频特性曲线。

3) Horizontal(水平坐标)区：设定 X 轴刻度类型(频率范围)。

- 单击"Log"(对数)按钮，标尺以对数刻度表示；若单击"Lin"(线性)按钮，则标尺以线性刻度表示。当测量信号的频率范围较宽时，用"Log"(对数)标尺为宜。
- 该区下面的 F 栏用于设置扫描频率的最终值，而 I 栏则用于设置扫描频率的初始值。为了清楚显示某一频率范围的频率特性，可将 X 轴频率范围设定得小一些。

4) Vertical(垂直坐标)区：设定 Y 轴的刻度类型。Vertical 区共有两个按钮和两个栏，其作用如下：

- 测量幅频特性时，若单击"Log"(对数)按钮，Y 轴刻度的单位是 dB(分贝)，标尺刻度为 $20\lg A(f)$dB，其中 $A(f)=V_o(f)/V_i(f)$；当单击"Lin"(线性)按钮后，Y 轴是线性刻度。一般情况下采用线性刻度。测量相频特性时，Y 轴坐标表示相位，单位是度，刻度是线性的。
- 该区下面的 F 栏用于设置 Y 轴刻度的最终值，而 I 栏则用于设置 Y 轴刻度的初始值。I 和 F 分别为 Y 轴刻度 Initial(初始值)和 Final(最终值)的缩写。

5) 波特图仪的面板下排 3 个按钮的功能如下：

- Reverse：改变显示区的颜色(黑色或白色)。
- Save：以 BOD 格式保存测量结果。
- Set：设置扫描的分辨率。单击该按钮后，出现如图 3-21 所示的对话框。

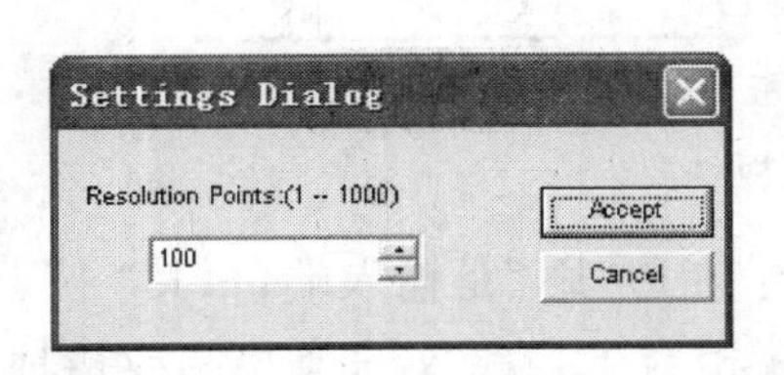

图 3-21 对话框

在 Resolution 栏中选定扫描的分辨率，数值越大读数精度越高，但数值的增大将增加运行时间，默认值是 100。

6）测量区：该区有两个定向箭头按钮和两个栏，其作用如下：

- 定向箭头 ：读数指针左右移动按钮，用于对波特固定位分析。
- 测量读数栏：利用鼠标拖动读数指针或单击读数指针移动按钮，可测量某个频率点的幅值或相位，其读数在面板右下方显示。

7. 逻辑分析仪

逻辑分析仪可以同步记录和显示 16 位数字信号，是对数字信号的高速采集和时序进行，是数字电路研究和分析的一种重要虚拟仪器。它的图标和面板见图 3－22。双击图标弹出设置面板。

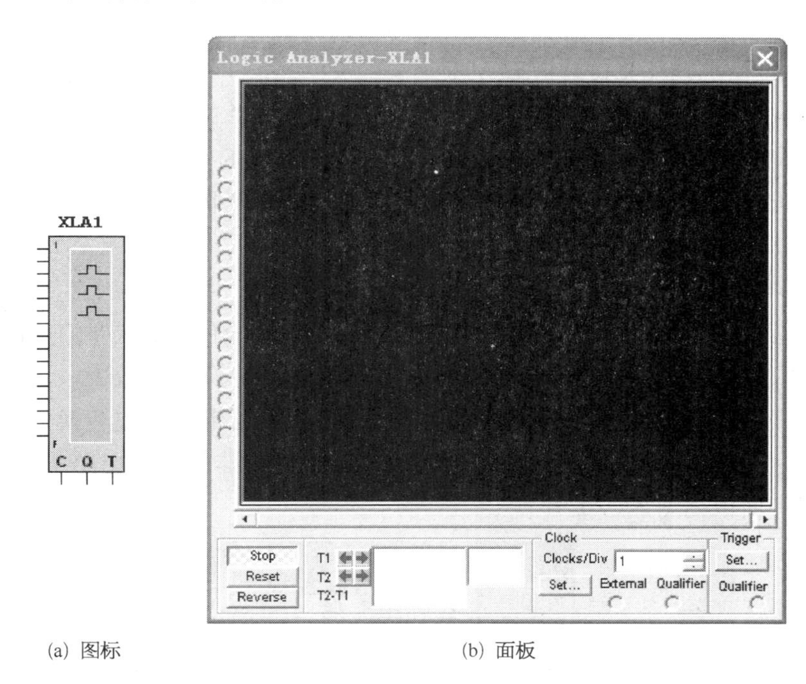

(a) 图标　　(b) 面板

图 3－22　图标和面板

（1）使用。逻辑分析仪左边 16 个端子为输入端，使用时只要将它与数字电路的测量点相连，Q 端是时钟控制输入端，C 端是外时钟输入端，T 端是触发控制端。

（2）面板设置：

1）面板最左侧 16 个小圆圈代表 16 个输入端，如果某个连接端接有被测信号，则该小圆圈内出现一个黑圆点。被采集的 16 路输入信号依次显示在屏幕上。当改变输入信号连接导线的颜色时，显示波形的颜色立即改变。

2）左边第 1 个选项组：Stop 按钮为停止仿真；Reset 按钮为逻辑分析仪复位

并清除显示波形；Reverse 按钮为改变屏幕背景的颜色。

3）左边第 2 个选项组：移动读数指针上部的三角形可以读取波形的逻辑数据。其中，T1 和 T2 分别表示读数指针 1 和读数指针 2 离开扫描线零点的时间，T2 - T1 表示两读数指针之间的时间差。

4）Clock 选项组：包括 Clock/Div 栏及 Set 按钮。

Clock/Div：设置在显示屏上每个水平刻度显示的时钟脉冲数。

Set 按钮：设置时钟脉冲，单击该按钮后弹出 Clock setup 对话框，其中，"Clock Source"选项组的功能是选择时钟脉冲的来源，"External"表示外部时钟，"Internal"表示内部时钟，"Clock Rate"选项组的功能是设置时钟频率，"Sampling Setting"选项组的功能是设置取样方式。

5）Trigger 选项组：功能是设置触发方式，单击"Set"按钮，弹出"Trigger Settings"对话框，其中，"Trigger Clock Edge"选项组的功能是设定触发方式。"Trigger Qualifier"下拉列表框的功能是选择触发限定字选项，"Trigger Patterms"选项组的功能是设置触发的样本。

8. 逻辑转换仪

逻辑转换仪是 Multisim 特有的虚拟仪器，实验室并不存在这样的实际仪器。逻辑转换仪的功能包括：逻辑转换仪可以将逻辑电路转换为真值表；将真值表转换为逻辑表达式；将真值表转换为简化逻辑表达式；将逻辑表达式转换为真值表；将逻辑表达式转换为逻辑电路；将逻辑表达式转换为与非门逻辑电路等。逻辑转换仪图标和面板见图 3 - 23。

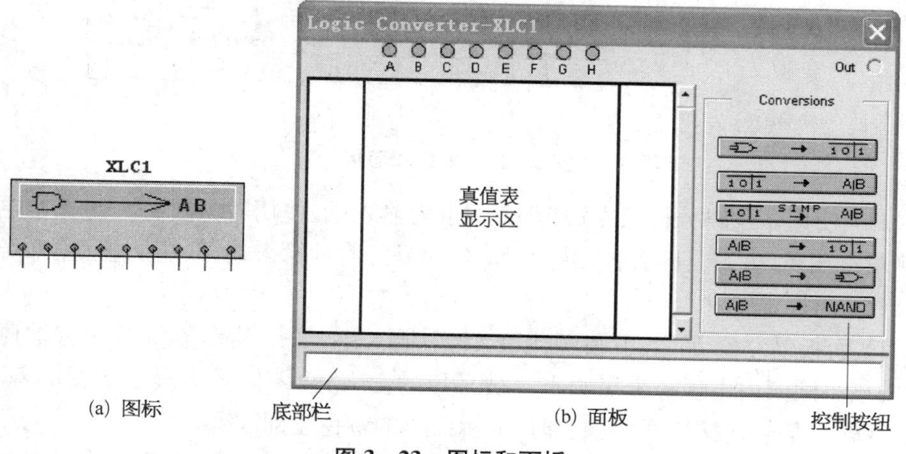

(a) 图标　　(b) 面板

图 3 - 23　图标和面板

（1）使用。逻辑转换仪图标共有 9 个端子。左边 8 个端子可用来连接电路输入端的节点，右边的 1 个端子是输出端子。通常只在需要将逻辑电路转换为真值表时，才将其图标与逻辑电路相连接。该仪器虽然是虚拟的，但是非常实用。

（2）面板设置。该面板包括 3 个部分，左边窗口显示真值表，底部栏显示逻辑表达式，右边"Conversions"选项区域显示控制按钮，其功能如下：

1）[门电路图形 → 10|1]：由逻辑电路转换为真值表。在将逻辑电路转换为真值表时，必须先将已画出的逻辑电路的输入端连接到逻辑转换仪的输入端，将逻辑电路的输出端连接到逻辑转换仪的输出端。

2）[10|1 → A|B]：由真值表导出逻辑表达式。要从真值表导出逻辑表达式，必须在真值表栏中输入真值表。输入方法有两种：若已知逻辑电路结构，可采用"由逻辑电路转换为真值表"的方式自动产生；或者直接在真值表栏中输入真值表，根据输入变量的个数用鼠标单击逻辑转换仪面板顶部代表输入端的小圆圈（A～H），选定输入变量。变量被选中后与之对应的小圆圈内部会泛白。此时，在真值表栏将自动出现输入变量的所有组合，而右侧靠近滚动条的输出列的初始值全部为门。然后根据所要求的逻辑关系来确定或修改真值表的输出值（0、1 或 x），其方法是用鼠标多次单击真值表栏右面输出列的输出值，此时便会自动出现 0、1 或 x。确定好真值表后单击[10|1 → A|B]按钮，这时在面板底部逻辑表达式栏将出现相应的逻辑表达式——标准的与或式，其中表达式中"A"表示逻辑变量 A 的"非"。

3）[10|1 SIMP→ A|B]：由真值表导出简化逻辑表达式。如果要将已得到的逻辑表达式进一步简化，只需单击[10|1 SIMP→ A|B]按钮，即可在面板图底部得到简化的逻辑表达式（最简与或式）。

4）[A|B → 10|1]：从逻辑表达式得到真值表。

5）[A|B → 门电路图形]：从逻辑表达式得到逻辑电路。

6）[A|B → NAND]：由逻辑表达式得到与非门逻辑电路。

第二节　Multisim 的基本操作

在电路设计、仿真中，必须完成调用元器件和对元器件进行连线两个主要步骤。

1. 调用元器件和设定其参数

首先启动 Multisim 7 软件，当出现软件界面时，鼠标点击元件工具栏中图标库，这时会弹出“select a Component”窗口，点击所需要的元器件，再点击“OK”按钮，将需要的元器件拖移到界面电路工作区的适合位置单击，这时元器件的位置就固定了。

(1) 调整元器件的位置。单击所需调整的元器件，这时在元器件四个角上出现“■”，然后按住左键拖移，即可完成其位置的改变。

(2) 调整元器件方向。单击所需调整方向的元器件，再单击右键，出现一个窗口，在窗口中选择所需要的方向，然后点击即可。

(3) 调整元器件参数。双击所需调整参数的元器件，这时会弹出一个窗口，对于虚拟元件工具栏中的元器件，可直接变成参数，然后点击“确定”按钮。而对于元件工具栏中的元器件，应先点击“Replace”按钮，出现一个窗口然后点击窗口中所需参数的元器件，再点击“OK”按钮即可。

(4) 删除元器件。单击所需删除的元器件，并按下键盘中的“Delete”键即可。

2. 对元器件进行连线

(1) 自动连线。将鼠标指在第一个元件的引脚，鼠标指示呈十字形，单击左键，然后移动鼠标到第二个元件的相应引脚，单击鼠标左键，即完成了自动连线的功能，系统给绘制的线标上结点号。如果没有成功，说明连接点与其他元件靠得太近。

如果对所画的线不满意，可以选中该线，按“Delete”键删除。

(2) 手动连线。将鼠标指向第一个元件的引脚，鼠标呈十字形，单击鼠标左键，导线随鼠标移动而移动，当连线需要拐弯时，单击鼠标左键，到达第二个元件对应引脚时单击鼠标左键，导线就连好了。

当导线需要从一个元件上跨过时，用户只需移动鼠标经过该元件时单击“Shift”键就可以了。

(3) 设置导线的颜色。当导线较多时为了便于区分，可以对不同的导线标上不同的颜色来加以区分，设置导线的颜色只需先选中该导线，然后单击鼠标右键，通过弹出的快捷菜单中“Color”来设置颜色。

注意：导线的颜色会改变示波器等测试仪器观察到波形显示的颜色。

第三节　仿真实验

实验一　直流电路中电位实验仿真(一)

(1) 启动 Multisim 软件,进入该软件的主窗口。

(2) 调出电路图中所需的元件、并拖移到电路工作区的适当位置,按图连线。

(3) 对各元器件参数进行设置、编辑、存盘。

(4) 点击仿真按钮,出现仿真结果,见图 3－24。

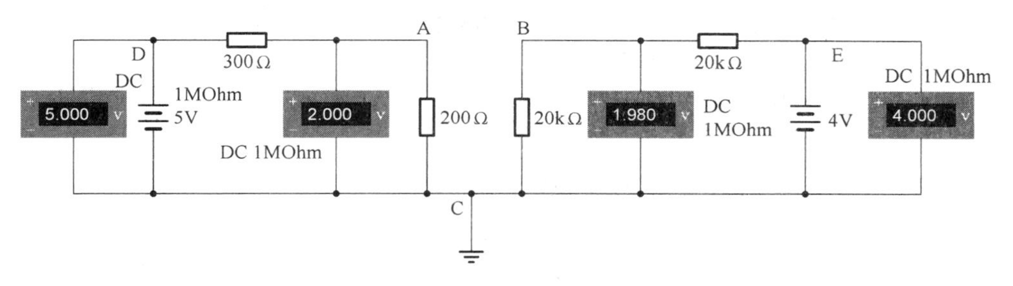

图 3－24　电位仿真(一)

实验二　直流电路中电位实验仿真(二)

其仿真操作步骤与直流电路中电位实验仿真(一)相同,其结果见图 3-25。

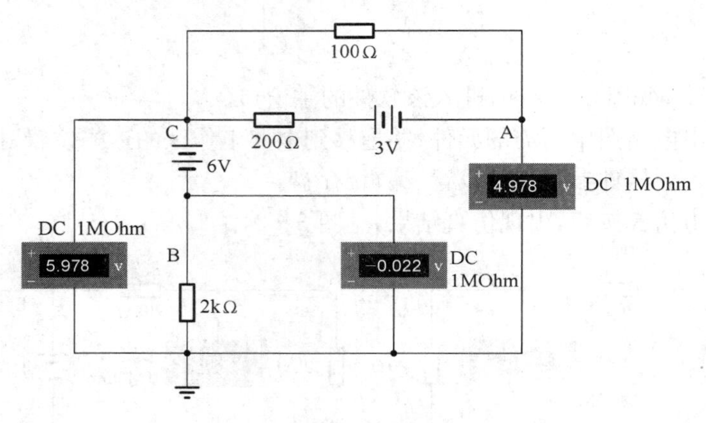

图 3-25　电位仿真(二)

实验三　叠加原理实验仿真(一)

(1) 启动 Multisim 软件,进入该软件的主窗口。

(2) 调出电路图中所需的元件,并拖移到电路工作区的适当位置,按图连线。

(3) 对各元器件参数进行设置、编辑、存盘。

(4) 点击仿真按钮,出现仿真结果。

1) E_1、E_2 共同作用,其仿真结果见图 3-26。

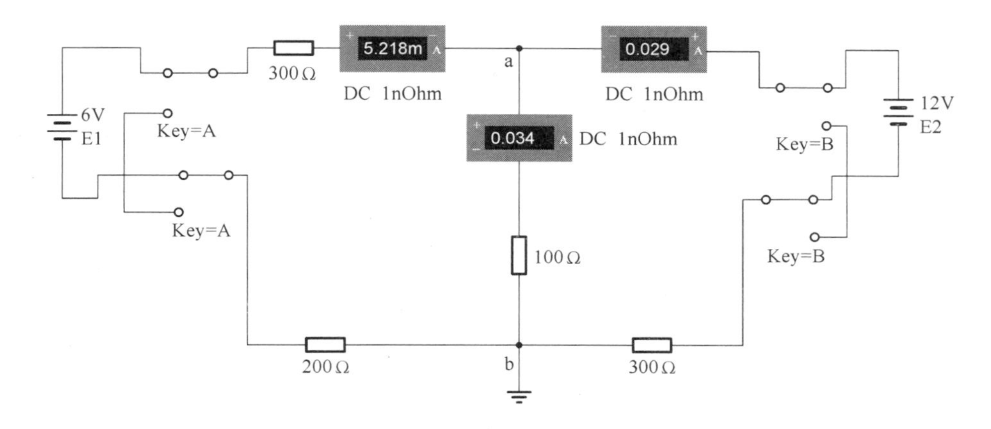

图 3-26　叠加原理仿真(一)(E_1、E_2 共同作用)

2) E_1 不作用、E_2 作用,其仿真结果见图 3-27。

3) E_1 作用、E_2 不作用,其仿真结果见图 3-28。

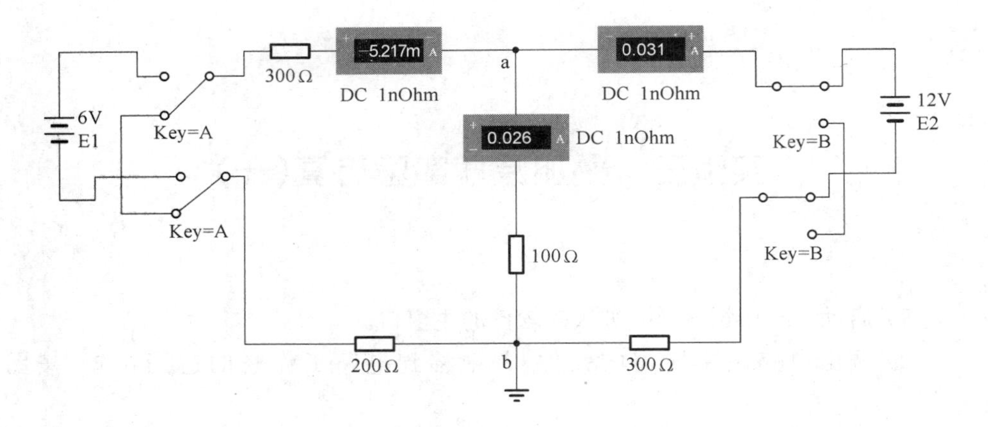

图 3-27 E_2 单独作用

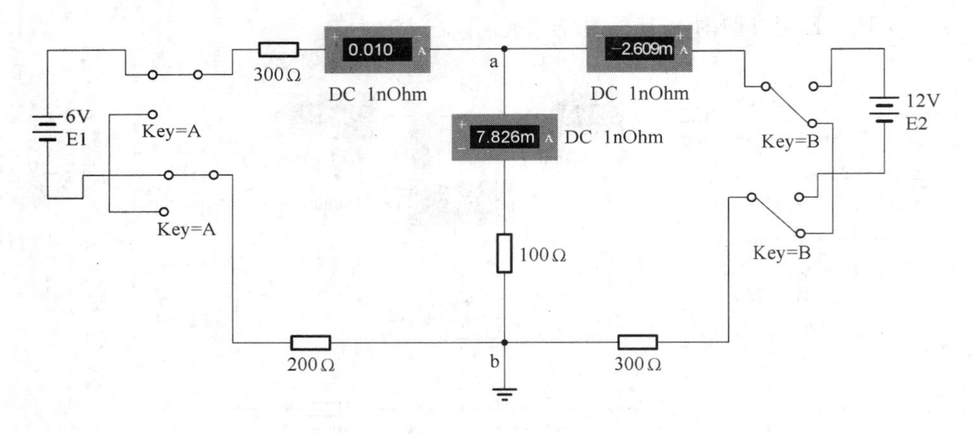

图 3-28 E_1 单独作用

实验四　叠加原理实验仿真(二)

其仿真操作步骤与叠加原理实验仿真(一)基本相同,但是 E_1 电压源改为了 I_S 电流源,其结果如下。

(1) I_S、E_2 共同作用,其仿真结果见图 3-29。

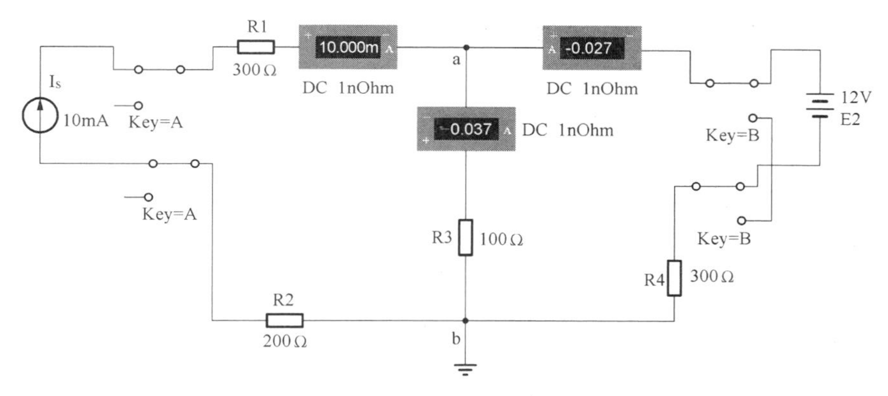

图 3-29　叠加原理仿真(二)(I_S、E_2 共同作用)

(2) I_S 不作用、E_2 作用,其仿真结果见图 3-30。

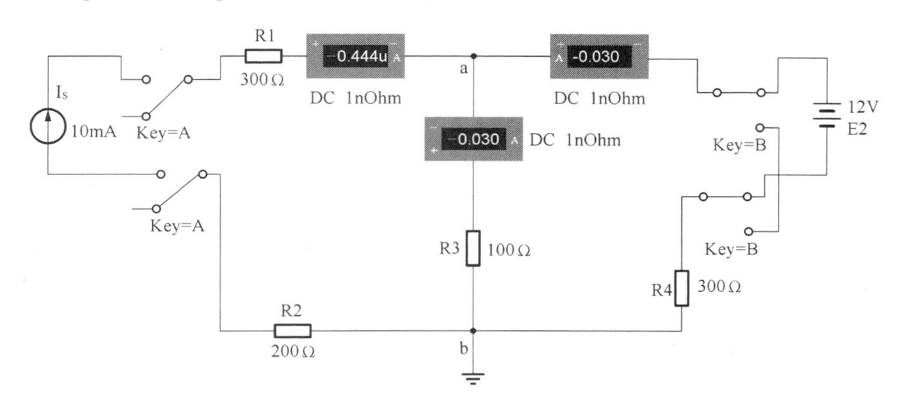

图 3-30　E_2 单独作用

(3) I_S 作用、E_2 不作用,其仿真结果见图 3-31。

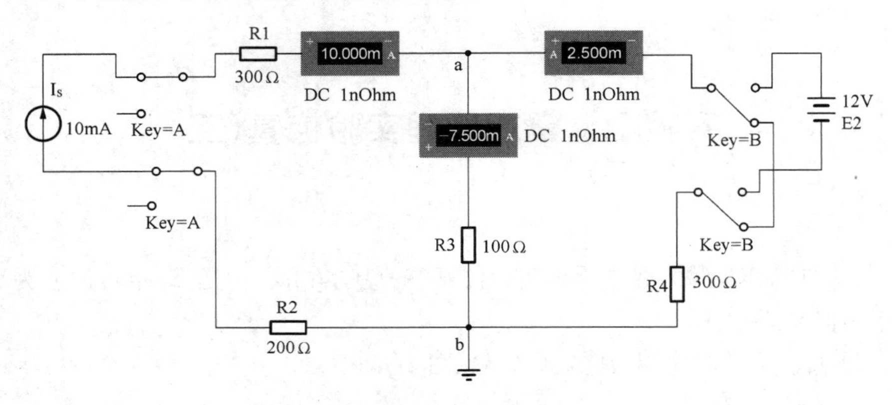

图 3-31 I_S 单独作用

实验五　RLC 串联谐振实验仿真

（1）启动 Multisim 软件，进入该软件的主窗口。

（2）调出电路图中所需的元件，并拖移到电路工作区的适当位置，按图连线。

（3）从虚拟仪器库中取出波特图仪图标，并拖移到电路工作区的适当位置与电路图连接。

（4）对电路图中的元器件参数进行设置编辑、存盘。

（5）点击仿真按钮，出现仿真结果，见图 3－32。

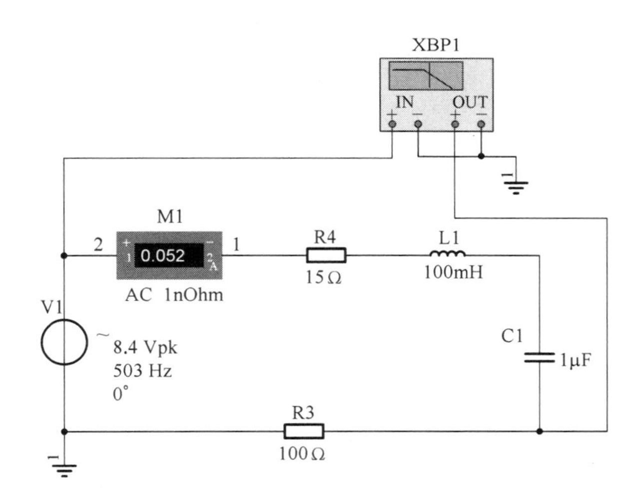

图 3－32　RLC 串联谐振仿真

（6）双击波特图仪图标，出现波特图仪面板并对面板参数进行调节，直到出现谐振曲线（见图 3－33）。

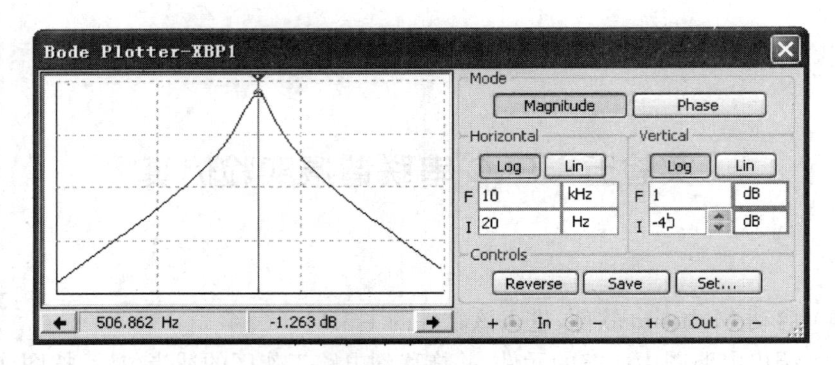
Bode Plotter-XBP1
Mode
Magnitude
Phase
Horizontal
Vertical
Log
Lin
Log
Lin
F 10 kHz
I 20 Hz
F 1 dB
I -40 dB
Controls
Reverse
Save
Set...
506.862 Hz
-1.263 dB
+ In -
+ Out -

图 3-33 仿真显示

实验六　交流电路功率及功率因数实验仿真

（1）启动 Multisim 软件，进入该软件的主窗口。

（2）调出电路图中交流源、电阻、电容、电感等元件，并拖移到电路工作区的适当位置，按图连线。

（3）从虚拟仪器库中取出功率表图标，并拖移到电路工作区的适当位置与电路连接。

（4）对电路图中的元器件参数进行设置，并编辑、存盘。

（5）点击仿真按钮，再双击功率表图标，出现功率表面板，该面板将显示仿真的具体数据（见图 3－34）。

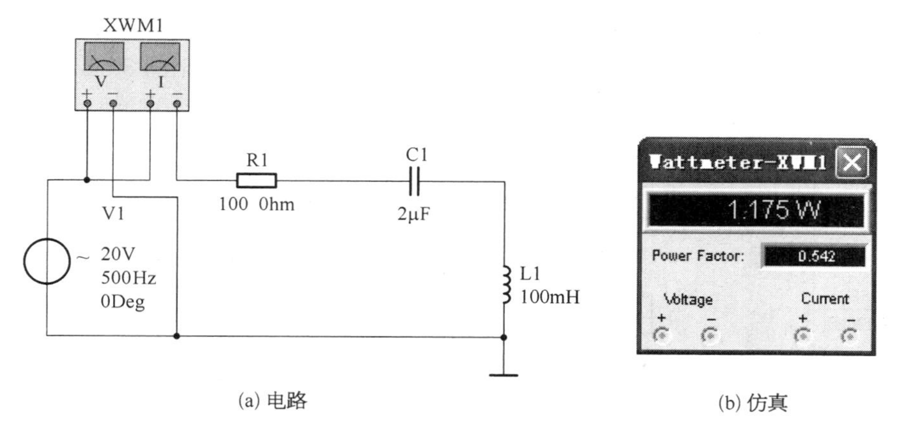

(a) 电路　　(b) 仿真

图 3－34　交流电路功率及功率因数仿真

实验七 单管交流放大器实验仿真

(1) 启动 Multisim 软件,进入该软件的主窗口。

(2) 调出电路图中各元器件,并拖移到电路工作区的适当位置,按图连线。

(3) 从虚拟仪器库中取出函数信号发生器、双踪示波器图标,并拖移到电路工作区的适当位置与电路连接。

(4) 对电路图中的元器件参数进行设置,并编辑、存盘。

(5) 点击仿真按钮,再双击函数信号发生器、双踪示波器图标,出现函数信号发生器、双踪示波器的面板,然后反复调节电路图(见图 3-35)中 R_3 的大小(即按键盘的"A"键),直到晶体管的工作点在适合的位置,再通过函数信号发生器的面板调节输入信号的波形、大小、频率等参数,同时通过双踪示波器的面板调节"Timebase"、"Channel A"、"Channel B"等参数,最后得到仿真结果,见图 3-36、图 3-37。

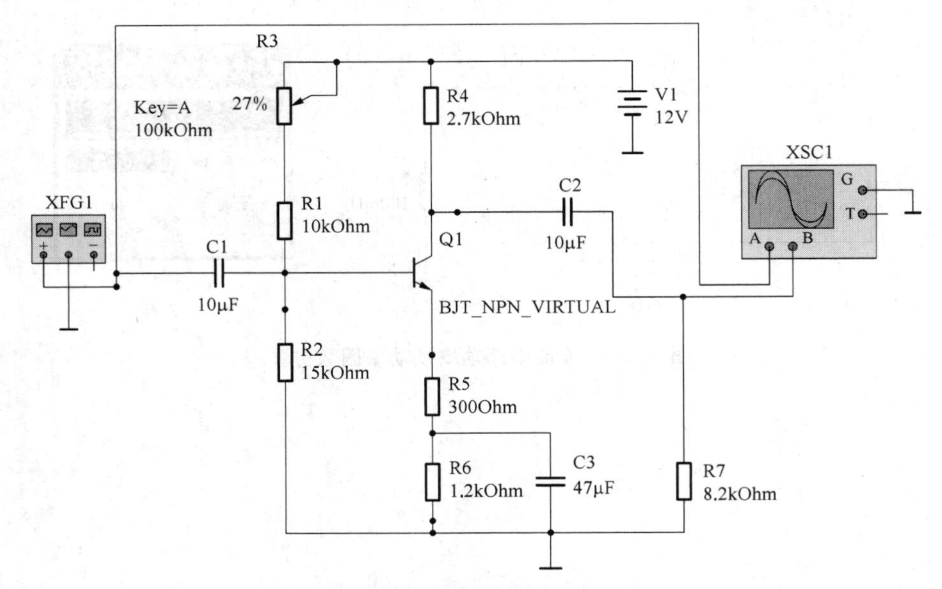

图 3-35 单管交流放大器仿真

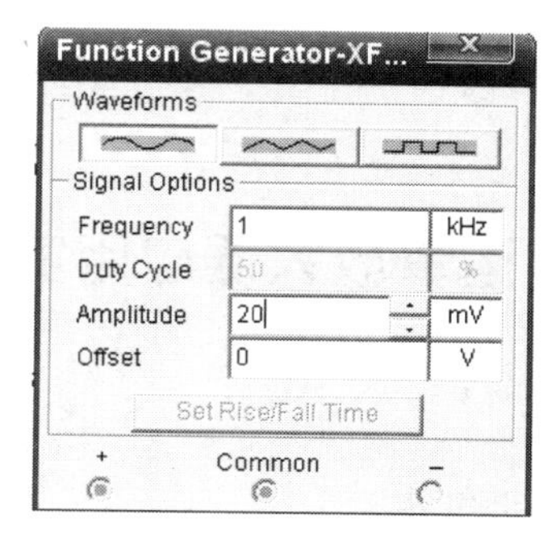

图 3-36　仿真界面

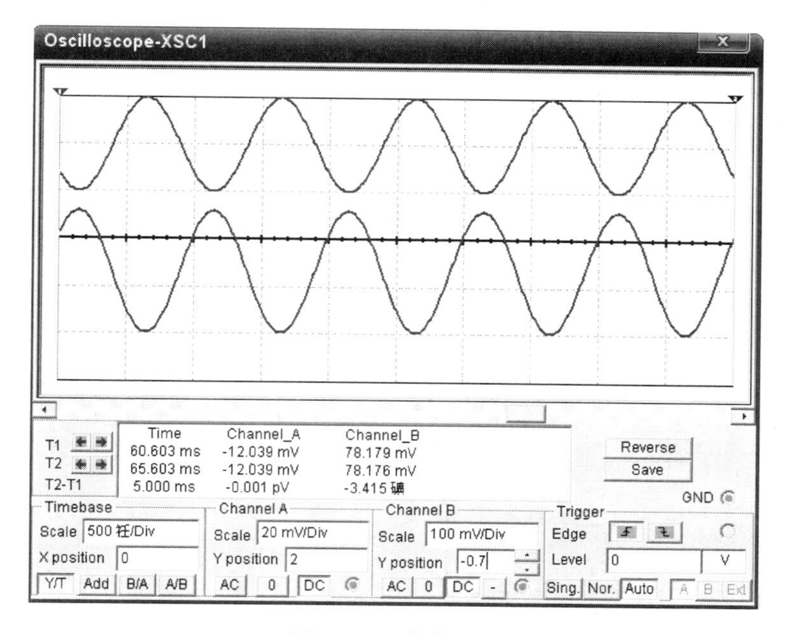

图 3-37　仿真显示

实验八　运算放大器应用实验仿真

1. 比例运算放大器的应用仿真

(1) 启动 Multisim 软件,进入该软件的主窗口。

(2) 调出电路图中的运算放大器、电阻元器件,拖移到电路工作区的适当位置,按图连线。

(3) 从虚拟仪器库中取出函数信号发生器、双踪示波器图标,拖移到电路工作区的适当位置与电路连接。

(4) 对电路图中的元器件参数进行设置,并编辑、存盘。

(5) 点击仿真按钮,再双击函数发生器和双踪示波器图标,调节其参数,出现最后的仿真结果,见图 3-38、图 3-39、图 3-40。

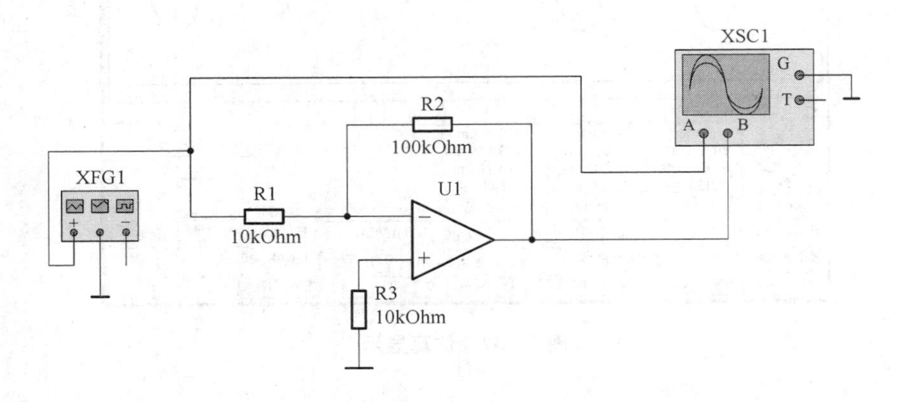

图 3-38　运算放大器应用仿真——比例运算

2. 积分运算放大器应用仿真

其仿真操作与比例运算的放大器的应用仿真的操作基本相同。但对函数信号发生器的波形设置有所不同,应为方波而不是正弦波,其最后的仿真结果见图 3-41、图 3-42、图 3-43。

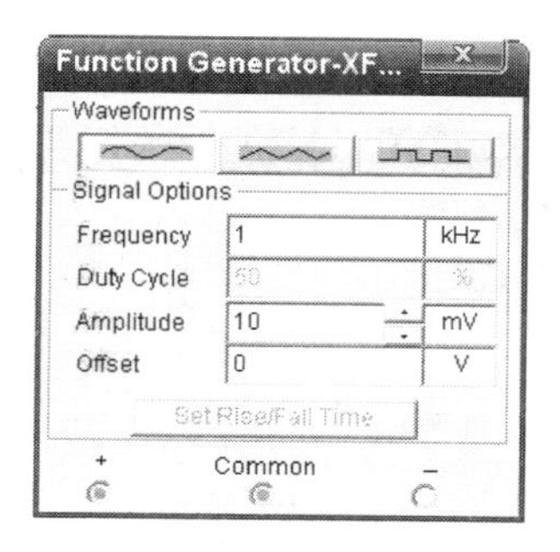

图 3-39　仿真界面

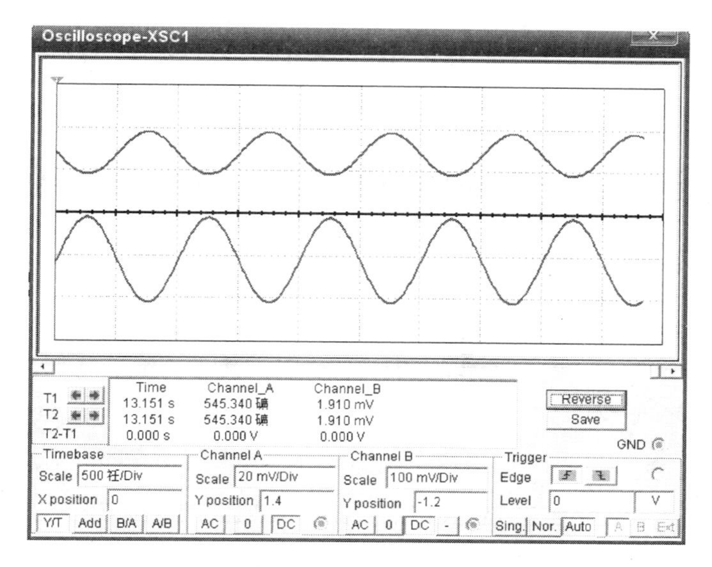

图 3-40　仿真显示

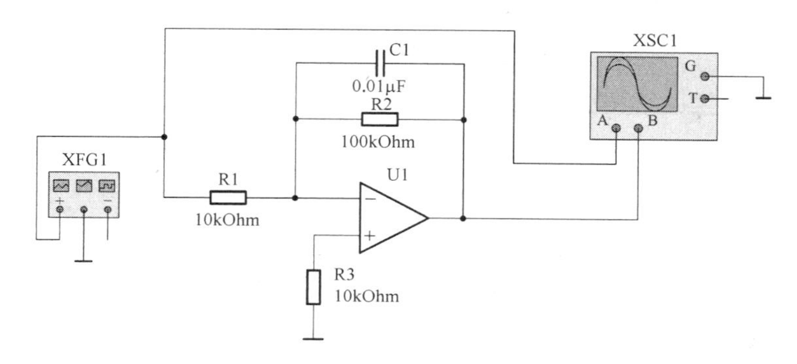

图 3-41　运算放大器应用仿真——积分运算

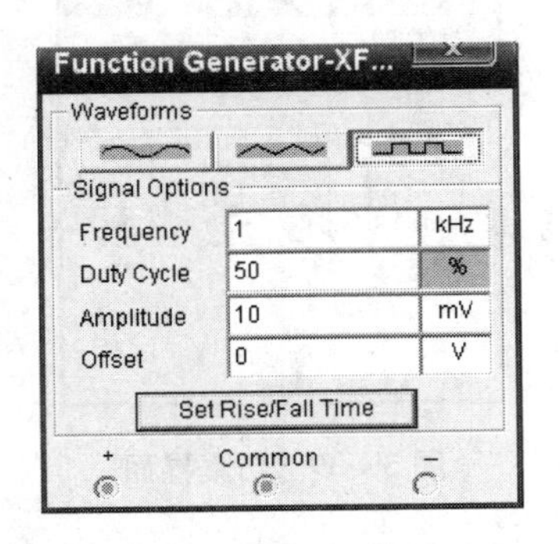

图 3-42 仿真界面

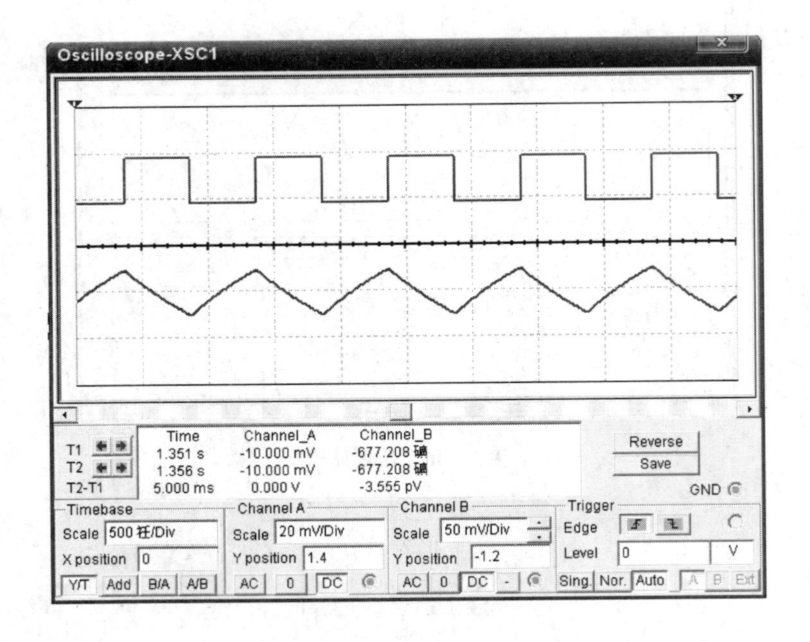

图 3-43 仿真显示

3. 微分运算放大器应用仿真

其仿真操作与积分运算放大器应用仿真的操作基本相同。但对函数信号发生器的频率设置有所不同,应为 50 Hz,而不是 1 kHz,其最后的仿真结果见图 3-44、图 3-45、图 3-46。

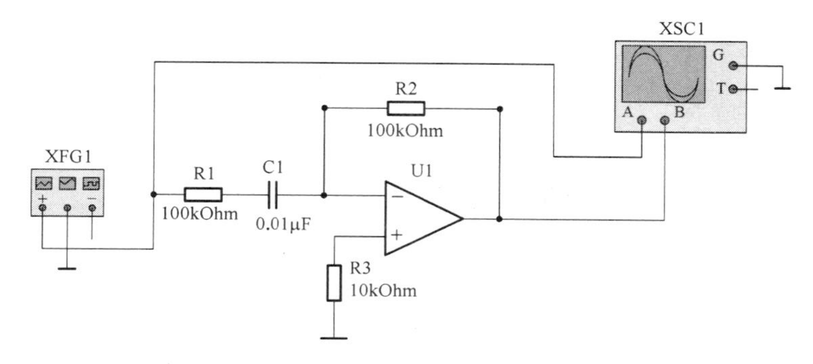

图 3-44 运算放大器应用仿真——微分运算

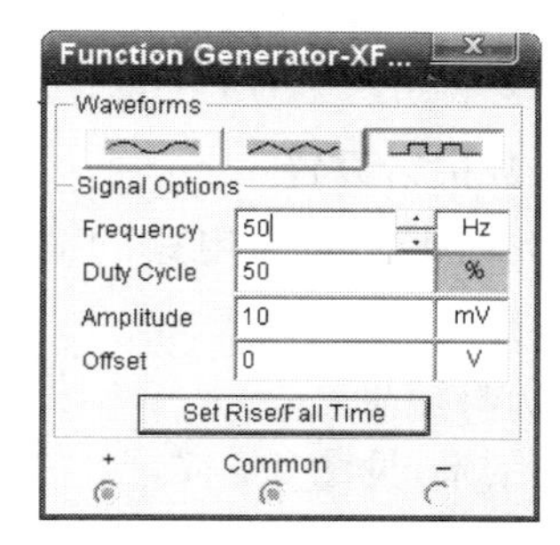

图 3-45 仿真界面

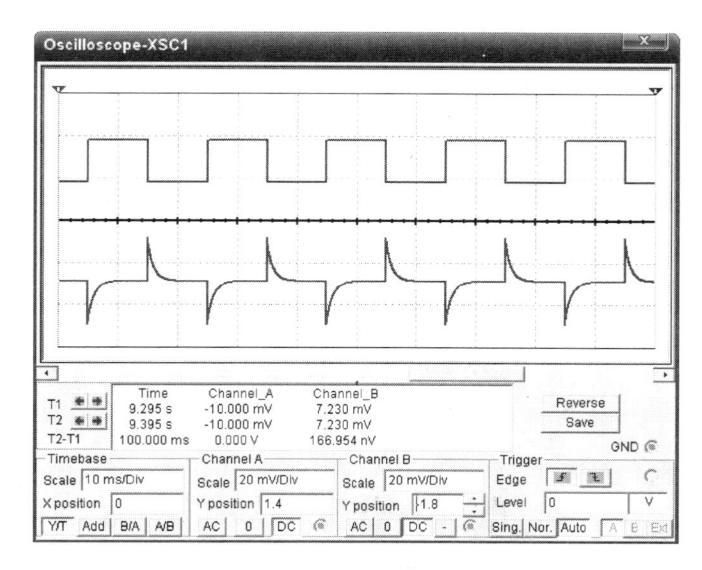

图 3-46 仿真显示

实验九　组合电路实验仿真

1. 半加器实验仿真

(1) 启动 Multisim 软件,进入该软件的主窗口。

(2) 调出电路图中的与非门、开关、电源等元器件,并拖移到电路工作区的适当位置,按图连线。

(3) 对电路中的元器件参数进行设置。

(4) 从指示元件库中取出探测器,接至电路的输出端 Y、Z,再对电路进行编辑、存盘。

(5) 点击仿真按钮,出现仿真结果。

1) A 为"0",B 为"0"仿真结果,见图 3-47。

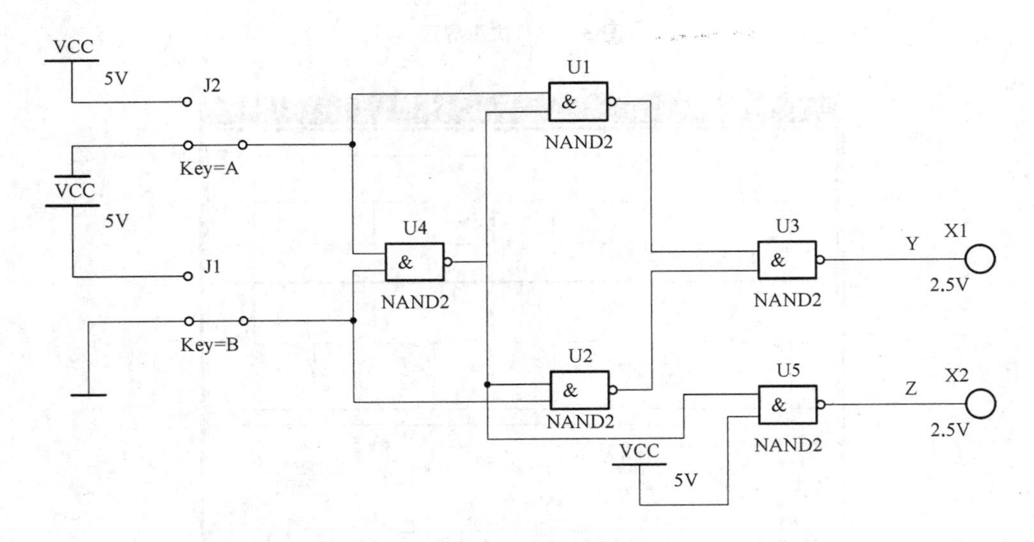

图 3-47　组合电路仿真结果

2) A 为"1",B 为"0"仿真结果,见图 3-48。

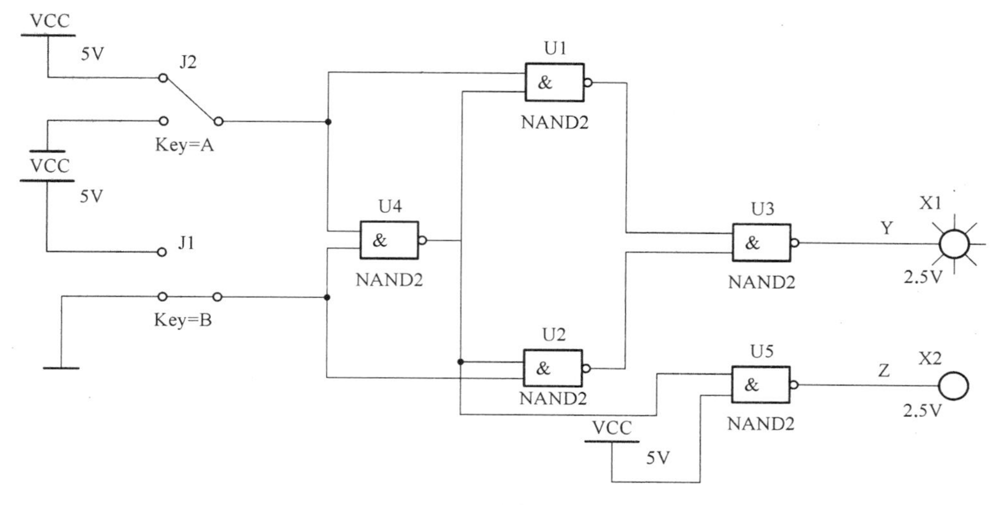

图 3－48　组合电路仿真结果

3）A 为“0”，B 为“1”仿真结果见图 3－49。

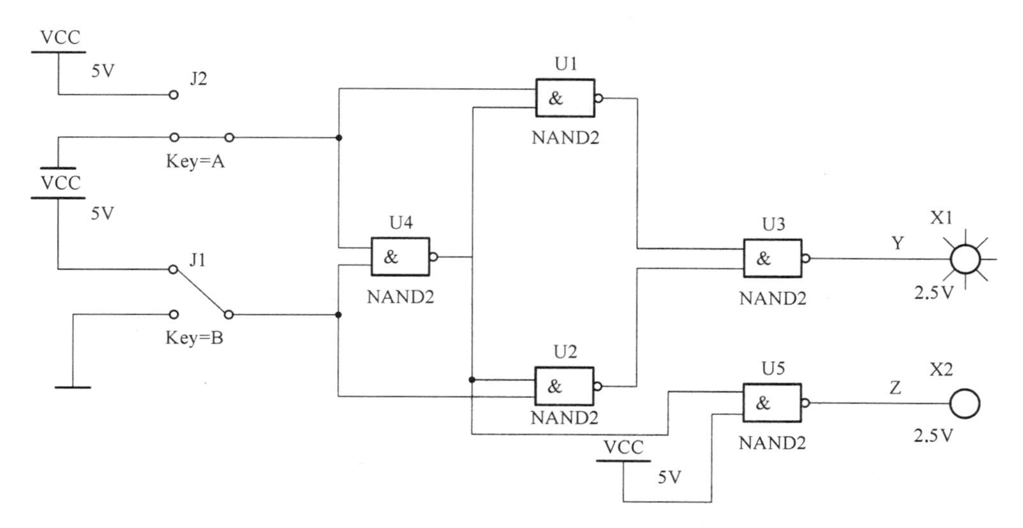

图 3－49　组合电路仿真结果

4）A 为“1”，B 为“1”仿真结果见图 3－50。

2. 全加器实验仿真

（1）启动 Multisim 软件，进入该软件的主窗口。

（2）调出电路图中的异或门、与或非门、与非门、开关等元器件，拖移到电路工

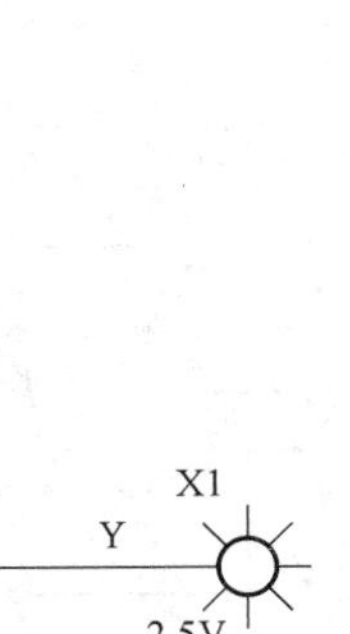

图 3-50 组合电路仿真结果

作区的适当位置，按图连线。

(3) 对电路图中的元器件参数进行设置。

(4) 从虚拟仪器库中取出逻辑转换仪、输入端分别接至 A_i、B_i、C_{i-1}，输出端通过开关 J_2 分别接至 S_i、C_i，再对电路进行编辑、存盘(见图 3-51)。

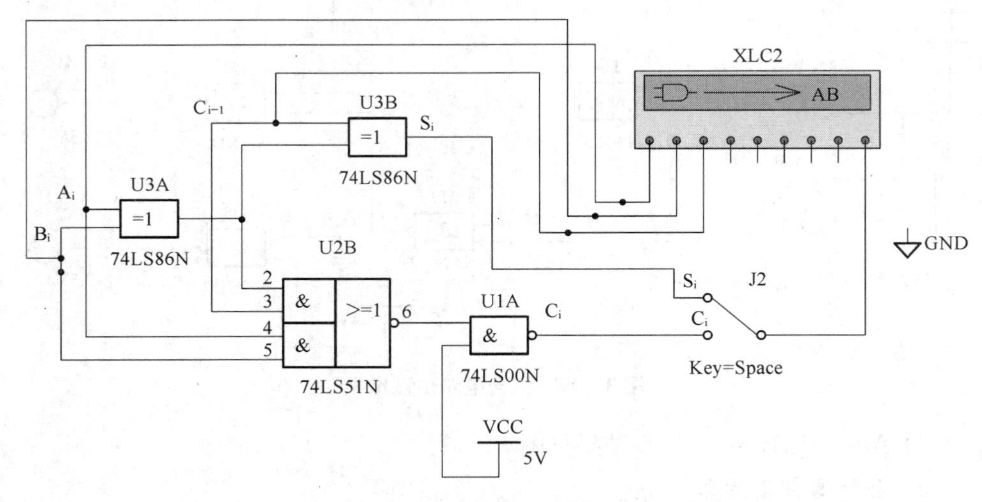

图 3-51 全加器仿真

(5) 点击仿真按钮，出现仿真结果。

1）开关 J_2 接至 S_i 逻辑转换仪，显示全加和（见图 3－52）。

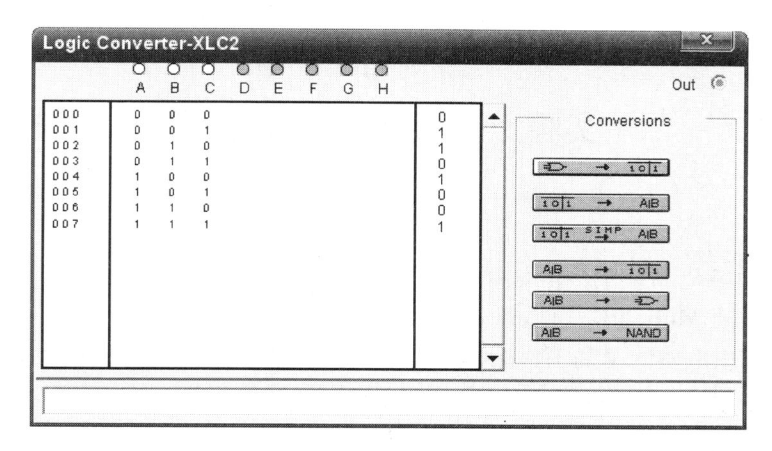

图 3－52　全加器仿真显示

2）开关 J_2 接至 C_i 逻辑转换仪，显示进位（见图 3－53）。

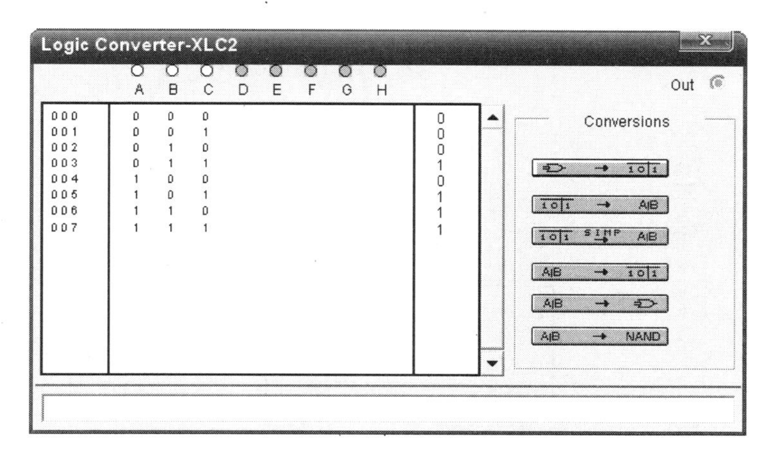

图 3－53　全加器仿真显示

实验十 计数器实验仿真

1. 3位二进制异步加法计数器仿真

(1) 启动 Multisim 软件，进入该软件的主窗口。

(2) 调出电路图中的JK触发器(74LS107)、方波输入时钟脉冲源、开关等元器件，拖移到电路工作区的适当位置，按图连线。

(3) 对电路图中的元器件参数进行设置。

(4) 从虚拟仪器工具栏中调出四踪示波器图标，分别与输入、输出端相连。

(5) 点击仿真按钮，调节四踪示波器参数，出现仿真结果见图3-54、图3-55。

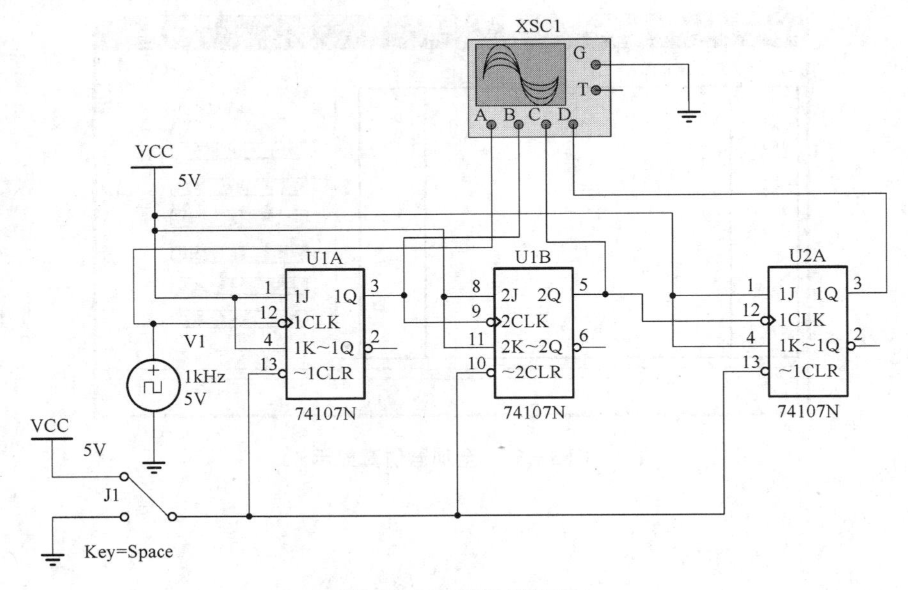

图3-54 计数器仿真

2. 异步十进制加法计数器仿真

(1) 启动 Multisim 软件，进入该软件的主窗口。

(2) 调出电路中的JK触发器(74LS107)、方波输入时钟脉冲源、数字译码显示

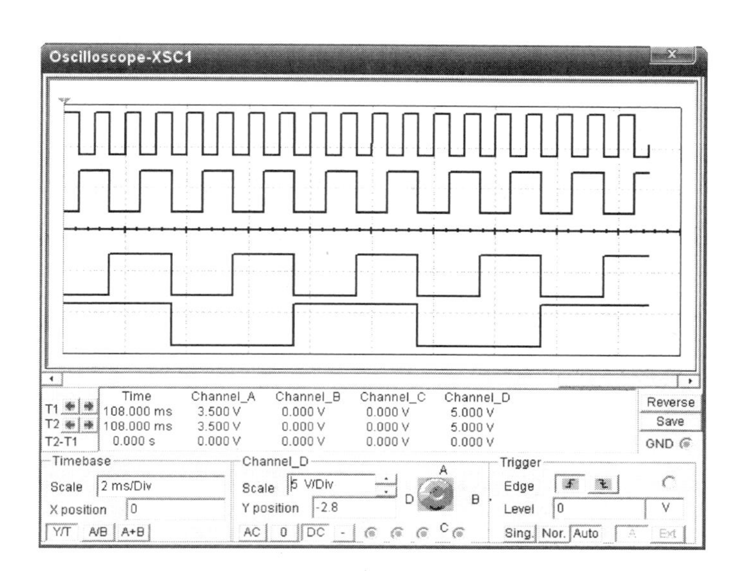

图 3－55　计数器仿真显示

模块等元器件，拖移到电路工作区的适当位置按图连线。

(3) 对电路图的元器件参数进行设置。

(4) 点击仿真按钮，按动“Space”键，当开关 J_1 接低电平（⊥），译码显示模块显示“0”（即清零）。当开关 J_1 接高电平（V_{CC}），计数器进入计数状态仿真（见图 3－56）。调节时钟脉冲的频率，可改变数字显示的快慢。

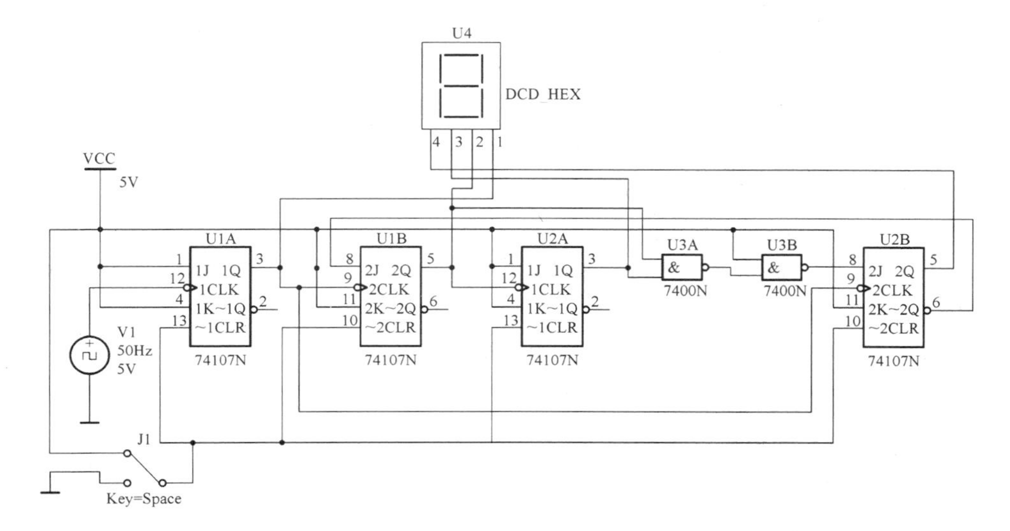

图 3－56　计数器仿真并显示

第四章　综合设计实验

实验一　电阻星形与三角形联接的等效变换

一、实验任务

1. 实验目的

(1) 认识电阻星形与三角形联接形式，了解转换的意义，掌握互换公式。

(2) 用电阻测量的方法验证互换公式的正确性。

(3) 分别用串并和并串接线方法测量电阻，并分析其误差。

2. 设计的技术指标和要求

(1) 测量电阻星形和三角形联接的阻值。

(2) 设计电阻串并测量电路，根据所用电压表、电流表的内阻值计算测量误差。

(3) 设计电阻并串测量电路，计算测量误差。

3. 设计实验所用元器件及仪器设备

电阻	若干
连接导线	若干
实验面包板	一块

电压表　　　　　　　　一台

电流表　　　　　　　　一台

4. 设计性实验报告要求

(1) 设计数据记录表,用于实验数据记录。

(2) 分析测量误差产生的原因,并分析计算误差范围。

(3) 讨论提高测量精度的方法和措施。

二、实验原理

1. 电阻星形与三角形联接的等效变换

如图 4-1(a)所示的桥式电阻电路,用简单的电阻串并联无法化简,也无法求出 d、c 两端的总电阻,必须用电阻△-Y转换,才能简化电路,求出 d、c 两端的总电阻。

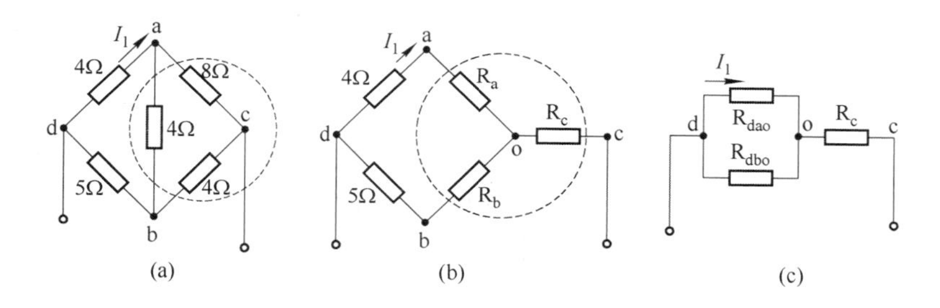

图 4-1　△-Y等效变换

如图 4-1(a)中圈出的△联接电阻等效变换成图 4-1(b)中圈出的Y联接电阻,再通过串并联化简,即可求出 d、c 两端总电阻。同样有时需要将Y联接转换成△联接形式,电路才能得以化简。

2. 电阻星形与三角形联接等效变换公式推导

电阻星形与三角形变换后,必须满足的等效条件是:从电路本身等效部分而言,等效变换前后都是三端网络,并且等效变换后对电路其他部分的电流、电压均无影响。如图 4-2(a)(b)所示,流入电路 a、b、c 端的电流变换前后相等,电路 ab、bc、ca 之间的电压变换前后也相等。

当满足上述等效条件后,在Y形和△形两种接法中,对应的任意两端间的等效电阻也必然相等。设某一对应端(例如 c 端)开路时,其他两端(a 和 b)间的等效电阻为:

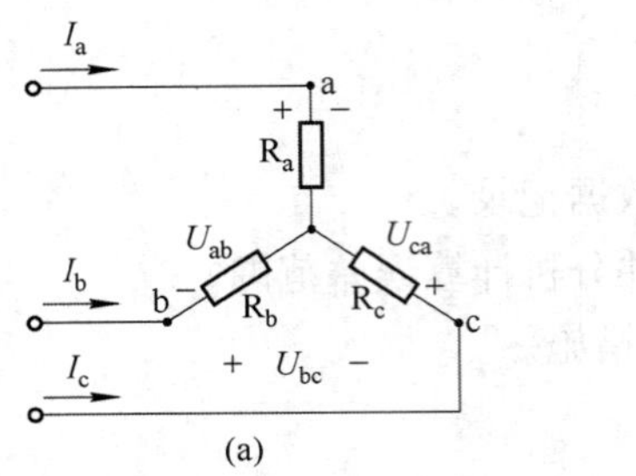

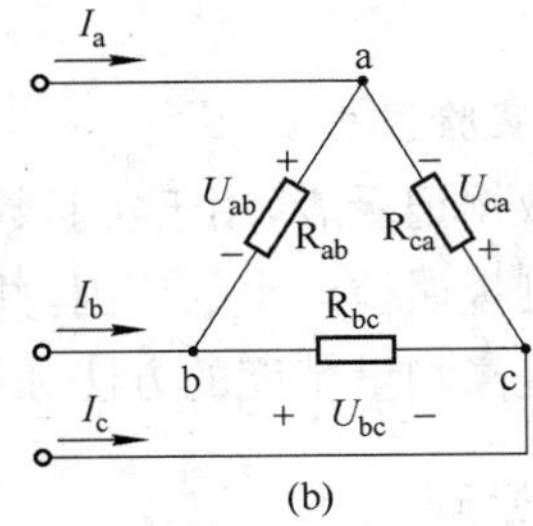

图 4-2　Y-△等效变换

$$R_a + R_b = \frac{R_{ab}(R_{bc} + R_{ca})}{R_{ab} + R_{bc} + R_{ca}}$$

同理

$$R_b + R_c = \frac{R_{bc}(R_{ca} + R_{ab})}{R_{ab} + R_{bc} + R_{ca}}$$

$$R_c + R_a = \frac{R_{ca}(R_{ab} + R_{bc})}{R_{ab} + R_{bc} + R_{ca}}$$

解上列三式,可得出将Y形联接等效变换为△形联接时的公式:

$$\begin{cases} R_{ab} = \dfrac{R_aR_b + R_bR_c + R_cR_a}{R_c} \\ R_{bc} = \dfrac{R_aR_b + R_bR_c + R_cR_a}{R_a} \\ R_{ca} = \dfrac{R_aR_b + R_bR_c + R_cR_a}{R_b} \end{cases} \tag{4-1}$$

将△形联接等效变换为Y形联接时的公式:

$$\begin{cases} R_a = \dfrac{R_{ab}R_{ca}}{R_{ab} + R_{bc} + R_{ca}} \\ R_b = \dfrac{R_{bc}R_{ab}}{R_{ab} + R_{bc} + R_{ca}} \\ R_c = \dfrac{R_{ca}R_{bc}}{R_{ab} + R_{bc} + R_{ca}} \end{cases} \tag{4-2}$$

当 $R_a = R_b = R_c = R_Y$，即电阻的Y形联接在对称的情况时，

$$R_{ab} = R_{bc} = R_{ca} = R_{\triangle} = 3R_Y$$

即变换所得的△形联接也是对称的，但每边的电阻是原Y形联接时的三倍。

反之
$$R_Y = \frac{1}{3}R_{\triangle}$$

Y形联接也常称为T形联接，△形联接也常称为π形联接，如图4-3所示。

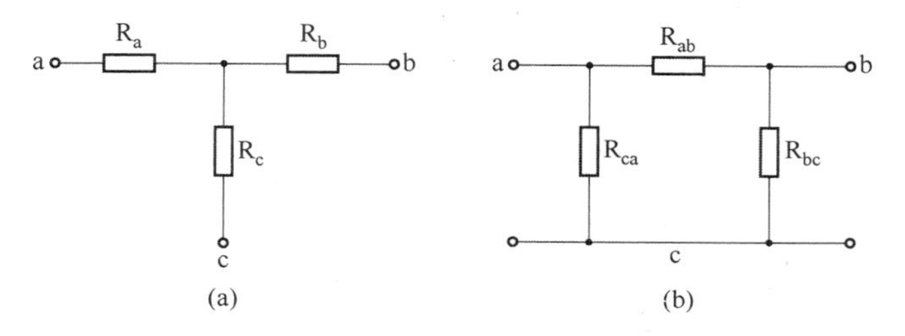

图4-3　电阻的T形联接和π形联接

三、实验内容

(1) 建立-人形联接的电阻电路，选定各电阻阻值，并联接出其△形等效变换电路，测量各端口的伏安关系和等效阻值，验证人-△等效变化的正确性。

(2) 参照实验内容1的要求，验证△-人等效变化的正确性。

(3) 分别用先串电流表再并电压表和先并电压表再串电流表的测量方法，分析电流表和电压表内阻对测量结果的影响，计算误差大小及可能的误差变化范围。

四、实验预习要求

预习常用的电路分析方法，阅读电流表、电压表使用说明书，查阅常用型号的电压表、电流表的内阻值范围，用于分析实验的误差范围值。

实验二　波形发生器

一、实验任务

1. 实验目的

(1) 掌握波形产生电路的设计方法,包括方波、三角波和正弦波电路的设计。

(2) 学习电路的安装和调试方法。

(3) 掌握电路元器件参数选择方法,以及对输出波形参数的影响。

2. 设计的技术指标和要求

(1) 频率范围：1～10 Hz，10～100 Hz。

(2) 输出电压：方波 $V_{P\text{-}P} \leqslant 24$ V,三角波 $V_{P\text{-}P} = 8$ V,正弦波 $V_{P\text{-}P} > 1$ V。

(3) 波形特性参数：方波上升时间 $t_r < 30\,\mu s$,三角波非线性系数 $r_\triangle < 2\%$,正弦波非线性失真 $r_\sim < 5\%$。

3. 设计实验所用元器件及仪器设备

运算放大器 μA7412	2 只	或双运放 μA747	1 只
三极管 3DG130	4 只		
电位器	3 只		
电容	若干		
电阻	若干		
低频信号发生器	1 台		
晶体管毫伏表	1 台		
双踪示波器	1 台		
直流稳压电源(双路输出)	1 台		
数字万用表	1 只		
失真度测量仪	1 台		
实验面包板	1 块		

4. 设计性实验报告要求

(1) 设计方波、三角波和正弦波产生的原理图，分析影响波形的元器件参数值。

(2) 按设计技术指标的要求选择元器件的参数，并记录实验数据。

(3) 测量波形的频率、输出电压和误差参数。

二、实验原理

波形发生器产生的电压波形可以包括方波、三角波、正弦波、锯齿波和阶梯波等。本设计任务是产生方波、三角波和正弦波，产生这三种波形的方案有多种。可先产生正弦波，通过整形电路得到方波，再将方波积分变成三角波；也可先产生三角波和方波，再将三角波或方波变换成正弦波。本设计采用方波—三角波—正弦波的产生顺序。电路框图如图 4-4 所示。

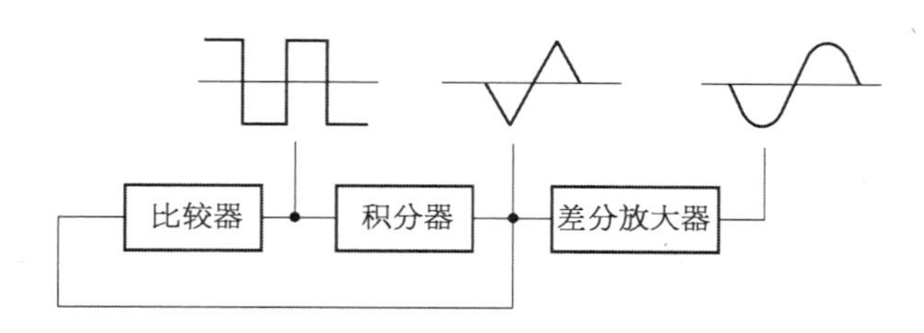

图 4-4　函数发生器组成框图

1. 方波、三角波产生电路

图 4-5 所示的电路能自动产生方波—三角波。电路工作原理如下：若 a 点断开，运算放大器 A_1 与 R_1、R_2 及 R_3、RP_1 组成电压比较器，R_1 称为平衡电阻，C_1 称为加速电容，可加速比较器的翻转。运放的反相端接基准电压，即 $V=0$，同相端接输入电压 v_{ia}；比较器的输出 v_{o1} 的高电平等于正电源电压 $+V_{CC}$，低电平等于负电

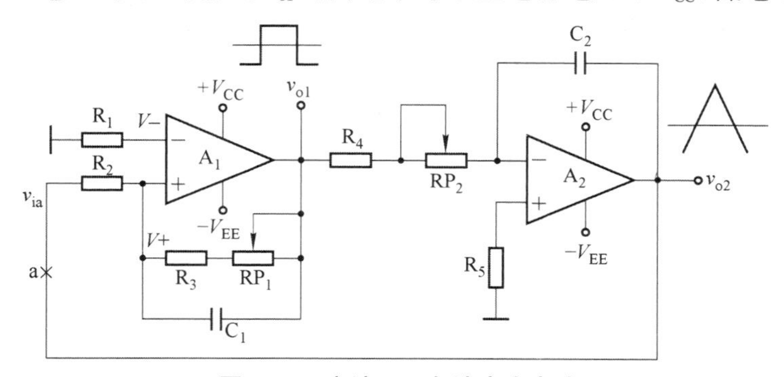

图 4-5　方波—三角波产生电路

源电压$-V_{EE}$($|+V_{CC}|=|-V_{EE}|$),当比较器的$V_+=V_-=0$时,比较器翻转,输出v_{o1}从高电平$+V_{CC}$跳到低电平$-V_{EE}$,或从低电平$-V_{EE}$跳到高电平$+V_{CC}$。设$v_{o1}=+V_{CC}$,则:

$$V_+=\frac{R_2}{R_2+R_3+RP_1}(+V_{CC})+\frac{R_3+RP_1}{R_2+R_3+RP_1}V_{ia}=0 \tag{4-3}$$

式中,RP_1指电位器的调整值。将上式整理,得比较器翻转的下门限电位

$$V_{ia-}=\frac{-R_2}{R_3+RP_1}(+V_{CC})=\frac{-R_2}{R_3+RP_1}V_{CC} \tag{4-4}$$

若$V_{o1}=-V_{EE}$,则比较器翻转的上门限电位为:

$$V_{ia+}=\frac{-R_2}{R_3+RP_1}(-V_{EE})=\frac{R_2}{R_3+RP_1}V_{CC} \tag{4-5}$$

比较器的门限宽度V_H为:

$$V_H=V_{ia+}-V_{ia-}=2\cdot\frac{R_2}{R_3+RP_1}V_{CC} \tag{4-6}$$

由式(4-3)～(4-6)可得比较器的电压传输特性,如图4-6所示。

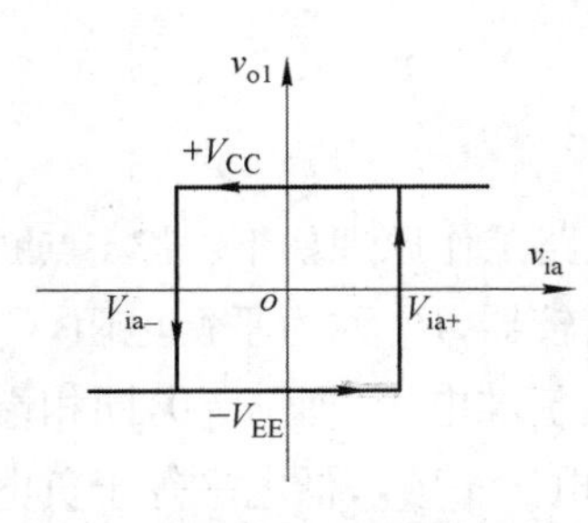

图4-6 比较器电压传输特性

a点断开后,运放A_2与R_4、RP_2、C_2及R_5组成反相积分器,其输入信号为方波v_{o1},则积分器的输出为:

$$v_{o2}=\frac{-1}{(R_4+RP_2)C_2}\int v_{o1}\,dt \tag{4-7}$$

当$V_{o1}=+V_{CC}$时,

$$v_{o2}=\frac{-(+V_{CC})}{(R_4+RP_2)C_2}t=\frac{-V_{CC}}{(R_4+RP_2)C_2}t \tag{4-8}$$

当$V_{o1}=-V_{EE}$时,

$$v_{o2}=\frac{-(-V_{EE})}{(R_4+RP_2)C_2}t=\frac{V_{CC}}{(R_4+RP_2)C_2}t \tag{4-9}$$

可见,当积分器的输入为方波时,输出是一个上升速率与下降速率相等的三角波,

其波形关系如图 4－7 所示。

a 点闭合，即比较器与积分器首尾相连，形成闭环电路，则自动产生方波—三角波。三角波的幅度为：

$$V_{o2m}=\frac{R_2}{R_3+RP_1}V_{CC} \tag{4-10}$$

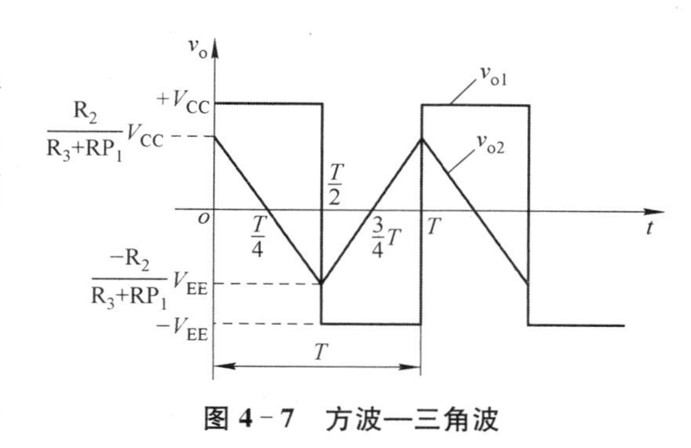

图 4－7　方波—三角波

方波—三角波的频率为：

$$f=\frac{R_3+RP_1}{4R_2(R_4+RP_2)C_2} \tag{4-11}$$

由式(4－10)及(4－11)可见：

(1) 电位器 RP_2 在调整方波—三角波的输出频率时，不会影响输出波形的幅度。若要求输出频率范围较宽，可用 C_2 改变频率的范围，RP_2 实现频率微调。

(2) 方波的输出幅度约等于电源电压$+V_{CC}$。三角波的输出幅度不超过电源电压$+V_{CC}$。电位器 RP_1 可实现幅度微调，但也会影响方波—三角波的频率。

2. 三角波—正弦波变换电路

选用差分放大器作为三角波—正弦波的变换电路。波形变换的原理是：利用差分对管的饱和与截止特性进行变换。分析表明，差分放大器的传输特性曲线 i_{C1}(或 i_{C2})的表达式为：

$$i_{C1}=\alpha i_{E1}=\frac{\alpha I_0}{1+e^{-v_{id}/V_T}} \tag{4-12}$$

式中，$\alpha=I_C/I_E\approx1$；I_0 为差分放大器的恒定电流；V_T 为温度的电压当量，当室温为 25℃ 时，$V_T\approx26\ \text{mV}$。

如果 v_{id} 为三角波，设表达式为：

$$v_{id}=\begin{cases}\dfrac{4V_m}{T}\left(t-\dfrac{T}{4}\right) & \left(0\leqslant t\leqslant\dfrac{T}{2}\right)\\[2ex] \dfrac{-4V_m}{T}\left(t-\dfrac{3}{4}T\right) & \left(\dfrac{T}{2}\leqslant t\leqslant T\right)\end{cases} \tag{4-13}$$

式中，V_m 为三角波的幅度；T 为三角波的周期。

将式(4－13)代入式(4－12)，则：

$$i_{C1}(t)=\begin{cases}\dfrac{\alpha I_0}{1+e^{\frac{-4V_m}{V_T T}\left(t-\frac{T}{4}\right)}} & \left(0\leqslant t\leqslant\dfrac{T}{2}\right)\\[2ex] \dfrac{\alpha I_0}{1+e^{\frac{4V_m}{V_T T}\left(t-\frac{3}{4}T\right)}} & \left(\dfrac{T}{2}<t\leqslant T\right)\end{cases} \tag{4－14}$$

波形变换过程如图 4－8 所示。为使输出波形更接近正弦波，要求：

(1) 传输特性曲线尽可能对称，线性区尽可能窄。

(2) 三角波的幅值 V_m 应接近晶体管的截止电压值。

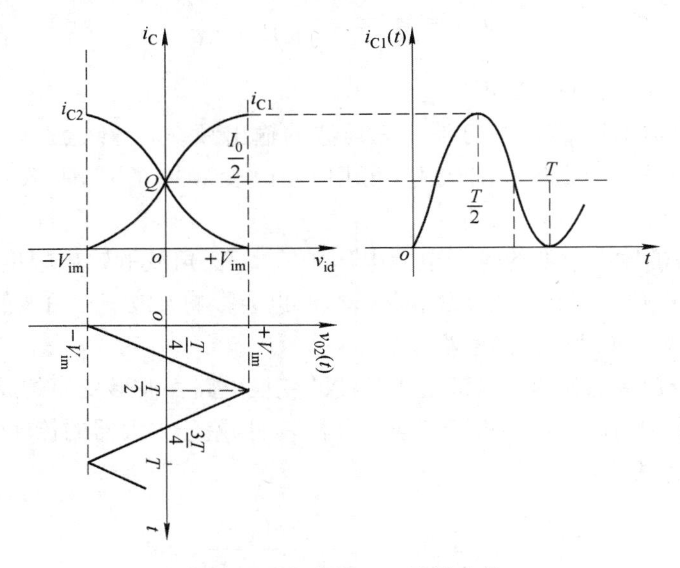

图 4－8 三角波—正弦波变换

图 4－9 为三角波—正弦波的变换电路。其中，RP_1 调节三角波的幅度，RP_2 调整电路的对称性，并联电阻 R_{E2} 用来减小差分放大器的线性区。C_1、C_2、C_3 为隔直电容，C_4 为滤波电容，以滤除谐波分量，改善输出波形。

三、实验内容

经过分析和计算，确定电路总图，并确定元器件的参数。

设计具体电路及元器件参数如图 4－10 所示。

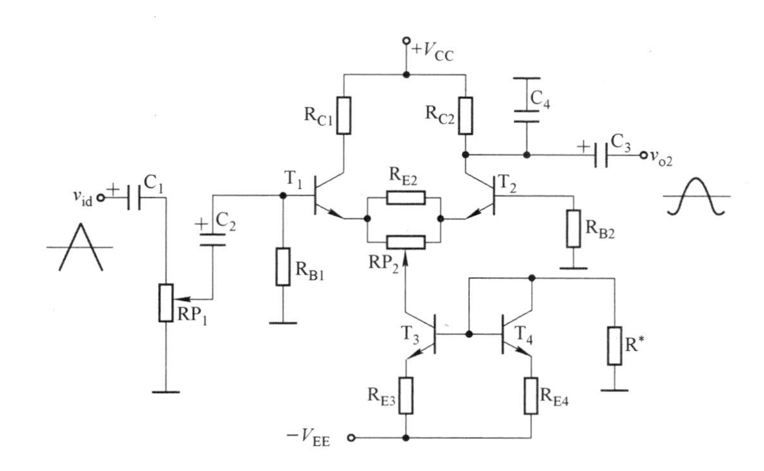

图 4-9　三角波—正弦波变换电路

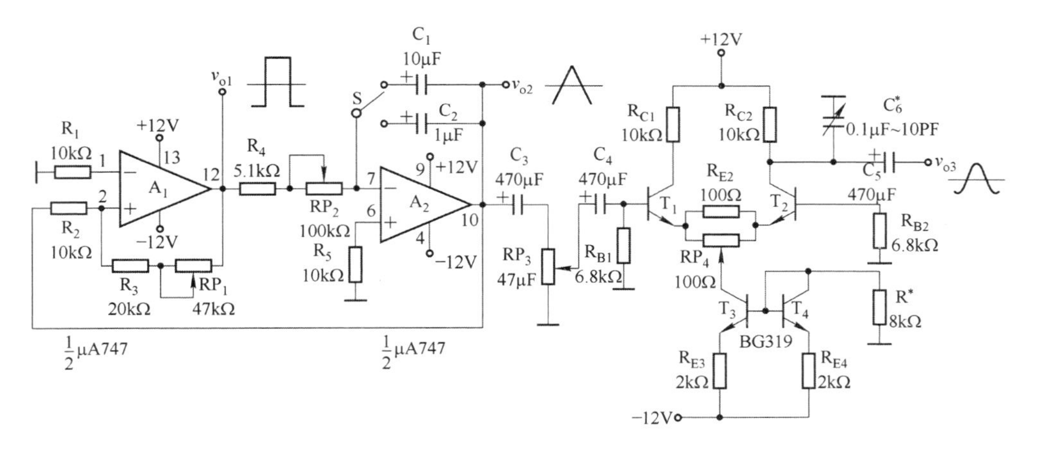

图 4-10　三角波—方波—正弦波函数发生器实验电路

四、实验预习要求

1. 方波、三角波发生电路安装与调试

在安装电位器 RP_1 和 RP_2 之前，先将其调整到设计要求值，否则会影响电路起振，微调 RP_1，使输出波形幅度满足设计要求。调节 RP_2，使输出波形频率连续变化。

2. 正弦波发生电路安装与调试

(1) 差分放大器传输特性曲线调试。将 C_4 与 RP_3 的连线断开，经电容 C_4 输

入差模信号电压 $V_{id}=50$ mV，$f_i=100$ Hz 的正弦波。调节 RP_4 及电阻 R^*，使传输特性曲线对称。再逐渐增大 v_{id}，直到传输特性曲线形状如图 4－8 所示，记下此时对应的峰值 V_{idm}。移去信号源，再将 C_4 左端接地，测量差分放大器的静态工作点 I_0、V_{C1Q}、V_{C2Q}、V_{C3Q}、V_{C4Q}。

（2）三角波—正弦波变换电路调试。将 RP_3 与 C_4 连接，调节 RP_3 使三角波的输出幅度（经 RP_3 后输出）等于 V_{idm} 值，这时 v_{o3} 的波形应接近正弦波，调整 C_6 改善波形。如果 v_{o3} 的波形出现如图 4－11 所示的几种正弦波失真，则应调整和修改电路参数，产生失真的原因及采取的相应处理措施如下：

① 钟形失真。如图 4－11(a)所示，传输特性曲线的线性区太宽，应减小 R_{E2}。

② 半波圆顶或平顶失真。如图 4－11(b)所示，传输特性曲线对称性差，工作点 Q 偏上或偏下，应调整电阻 R^*。

③ 非线性失真。如图 4－11(c)所示，三角波的线性度较差引起的失真，主要受运放性能的影响。可在输出端加滤波网络改善输出波形。

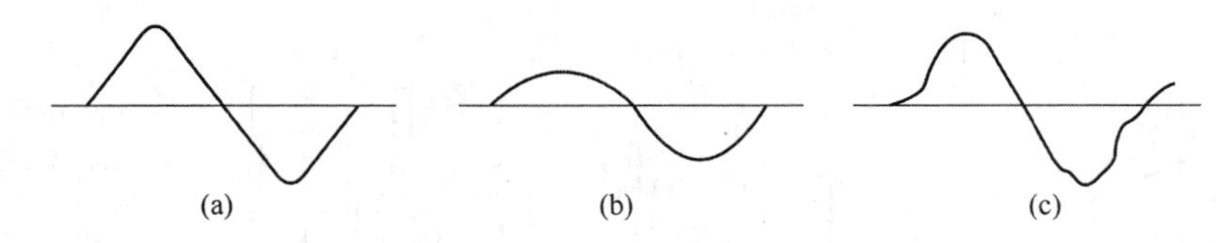

图 4－11 波形失真现象

实验三 直流稳压电源

一、实验任务

1. 实验目的

(1) 掌握直流稳压电源四部分电路中变压、整流、滤波和稳压电路的设计。

(2) 掌握变压器、整流二极管、滤波电容和稳压器件的选择。

(3) 掌握电路设计方法和参数调试方法。

2. 设计的技术指标和要求

(1) 输出电压 $V_o = +3 \sim +9$ V。

(2) 最大输出电流 $I_{o\max} = 800$ mA。

(3) 纹波电压 $\Delta V_{o\,p\text{-}p} \leqslant 5$ mV。

(4) 稳压系数 $S_V \leqslant 3 \times 10^{-3}$。

3. 设计实验所用元器件及仪器设备

二极管	4 个
滤波电容	1 个
三极管	2 个
稳压管	1 个
电阻	若干
电源变压器	1 个
三端稳压器 CW317	1 个
双踪示波器	1 台
交流毫伏表	1 台
数字万用表	1 台
自耦变压器	1 台
滑线电阻器	1 台

4. 设计性实验报告要求

(1) 设计电路原理图。

(2) 用示波器观察各部分电路的输入输出波形,记录波形图。

(3) 测量各部分电路的电压值,并记录测量数据。

(4) 参照设计的技术指标要求,调试电路。

二、实验原理

直流稳压电源一般由变压、整流、滤波和稳压电路组成,其电路图如图 4－12 所示。

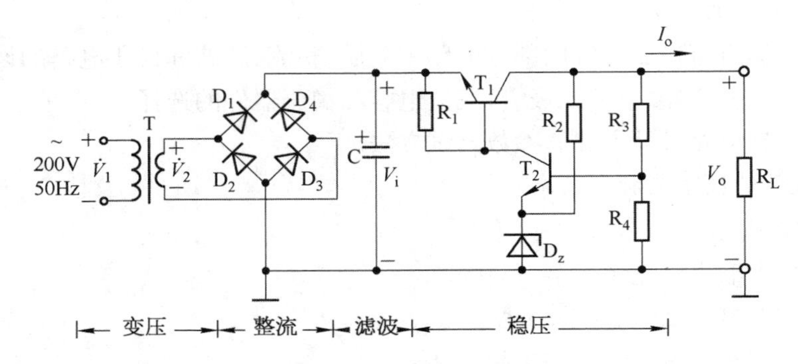

图 4－12 直流稳压电源电路

1. 变压电路

由电源变压器将 220 V 的电网交流电压变换成整流电路所需的交流电压大小。变压器的功率比为变压器的效率:

$$\eta = P_2/P_1$$

式中:P_1 为原边功率;P_2 为副边功率。

一般小型变压器效率如表 4－1 所示。

表 4－1 小型变压器的效率

副边功率 P_2/(VA)	<10	10～30	30～80	80～200
效 率 η	0.6	0.7	0.8	0.85

2. 整流滤波电路

整流二极管 D_1～D_4 组成单相桥式整流电路,将交流电压 $\dot{V}_2$ 变成脉动的直流电压，再经滤波电容C滤除纹波，输出直流电压V_i。V_i与交流电压$\dot{V}_2$的有效值V_2的关系为：

$$V_i = (1.1 \sim 1.2)V_2$$

每只整流二极管承受的最大反向电压：

$$V_{RM} = \sqrt{2}V_2$$

通过每只二极管的平均电流：

$$I_D = \frac{1}{2}I_R = \frac{0.45V_2}{R}$$

式中，R为整流滤波电路的负载电阻。它为电容C提供放电回路，RC放电时间常数应满足：

$$RC > (3 \sim 5)T/2$$

式中，T为50 Hz交流电压的周期，即20 ms。

3. 稳压电路

调整管T_1与负载电阻R_L串联，组成串联式稳压电路。T_2与稳压管D_Z组成采样比较放大电路，当稳压器的输出负载变化时，输出电压V_o应保持不变，稳压过程如下：

假设输出负载电阻R_L变化，使$V_o \uparrow$，则：

$$V_{B2}\uparrow - V_{BE2}\uparrow - I_{B2}\uparrow - I_{C2}\uparrow - V_{CE2}\downarrow - V_{C2}\downarrow - V_{BE1}\downarrow - I_{B1}\downarrow - V_{CE1}\uparrow - V_o\downarrow$$

三、实验内容

1. 选集成稳压器，确定电路形式

选可调式三端稳压器CW317，其特性参数$V_o = 1.2\text{ V} \sim 37\text{ V}$，$I_{o\max} = 1.5\text{ A}$，最小输入、输出压差$(V_i - V_o)_{\min} = 3\text{ V}$，最大输入、输出压差$(V_i - V_o)_{\max} = 40\text{ V}$。组成的稳压电源电路如图4-13所示。由于输出电压$V_o = 1.25(1 + RP_1/R_1)$，取$R_1 = 240\ \Omega$，则$RP_{1\min} = 336\ \Omega$，$RP_{1\max} = 1.49\text{ k}\Omega$，故取$RP_1$为4.7 kΩ的精密线绕可调电位器。

2. 选电源变压器

由于输入电压V_i的范围为：

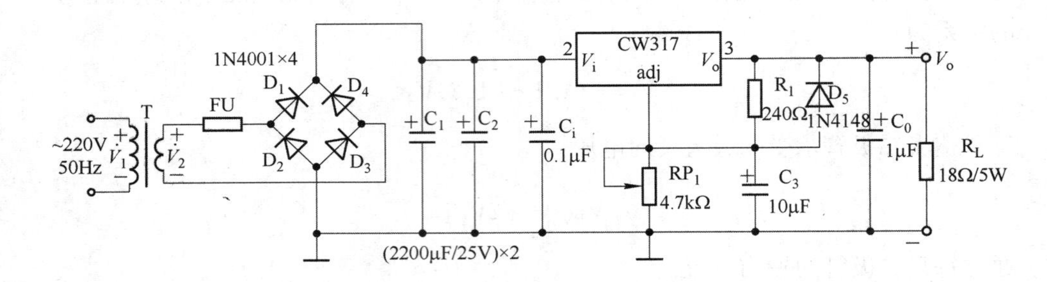

图 4-13 直流稳压电源实验电路

$$V_{o\max}+(V_i-V_o)_{\min}\leqslant V_i\leqslant V_{o\min}+(V_i-V_o)_{\max}$$

$$9\text{ V}+3\text{ V}\leqslant V_i\leqslant 3\text{ V}+40\text{ V}$$

$$12\text{ V}\leqslant V_i\leqslant 43\text{ V}$$

副边电压 $V_2\geqslant V_{i\min}/1.1=12/1.1\text{ V}$,取 $V_2=11\text{ V}$,副边电流 $I_2>I_{o\max}=0.8\text{ A}$,取 $I_2=1\text{ A}$,则变压器副边输出功率 $P_2\geqslant I_2V_2=11\text{ W}$。

由表 4-1 可得变压器的效率 $\eta=0.7$,则原边输入功率 $P_1\geqslant P_2/\eta=15.7\text{ W}$。为留有余地,选功率为 20 W 的电源变压器。

3. 选整流二极管及滤波电容

整流二极管 D 选 1N4001,其极限参数为 $V_{RM}\geqslant 50\text{ V}$, $I_F=1\text{ A}$。满足 $V_{RM}>\sqrt{2}V_2$, $I_F=I_{o\max}$ 的条件。

滤波电容 C 可由纹波电压 $\Delta V_{o\,p\text{-}p}$ 和稳压系数 S_V 来确定。

已知, $V_o=9\text{ V}$, $V_i=12\text{ V}$, $\Delta V_{o\,p\text{-}p}=5\text{ mA}$, $S_V=3\times10^{-3}$。则由稳压系数公式得稳压器的输入电压的变化量:

$$\Delta V_i=\frac{\Delta V_{o\,p\text{-}p}V_i}{V_oS_V}=2.2\text{ V}$$

由滤波电容 C 的估算公式得滤波电容:

$$C=\frac{I_Ct}{\Delta V_i}=\frac{I_{o\max}t}{\Delta V_i}=3\,636\ \mu\text{F}$$

电容 C 的耐压应大于 $\sqrt{2}V_2=15.4\text{ V}$。故取 2 只 2 200 μF/25 V 的电容相并联,如图 4-13 中 C_1、C_2 所示。

4. 电路安装与测试

首先应在变压器的副边接入熔丝 FU，以防电路短路损坏变压器或其他器件，其额定电流要略大于 $I_{o\max}$，选 FU 的熔断电流为 1 A，CW317 要加适当大小的散热片。先装集成稳压电路，再装整流滤波电路，最后安装变压器，安装一级测试一级。对于稳压电路则主要测试集成稳压器是否能正常工作。其输入端加直流电压 $V_i \leqslant 12$ V，调节 RP_1，输出电压 V_o 随之变化，说明稳压电路正常工作。整流滤波电路主要是检查整流二极管是否接反，安装前用万用表测量其正、反向电阻。接入电源变压器，整流输出电压 V_i 应为正。断开交流电源，将整流滤波电路与稳压电路相连接，再接通电源，输出电压 V_o 为规定值，说明各级电路均正常工作，可以进行各项性能指标的测试。

四、实验预习要求

1. 集成稳压器(固定式、可调式)

固定式三端稳压器的常见产品如图 4－14 所示。其中 CW78××系列稳压器输出固定的正电压，如 7805 输出为＋5 V；CW79××系列稳压器输出固定的负电压，如 7905 输出为－5 V。输入端接电容 C_i 可以进一步滤除纹波，输出端接电容 C_o 能改善负载的瞬态影响，使电路稳定工作。C_i、C_o 最好采用漏电流小的钽电容，如果采用电解电容，则电容量要比图中数值增加 10 倍。

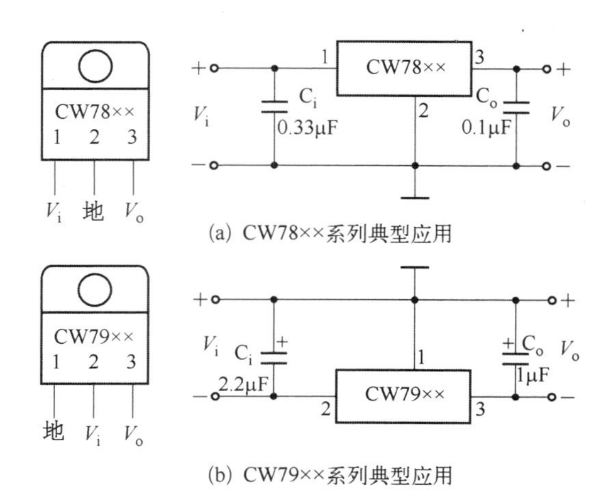

(a) CW78××系列典型应用

(b) CW79××系列典型应用

图 4－14　固定式三端稳压器的典型应用

可调式三端稳压器能输出连续可调的直流电压。常见产品如图 4－15 所示。

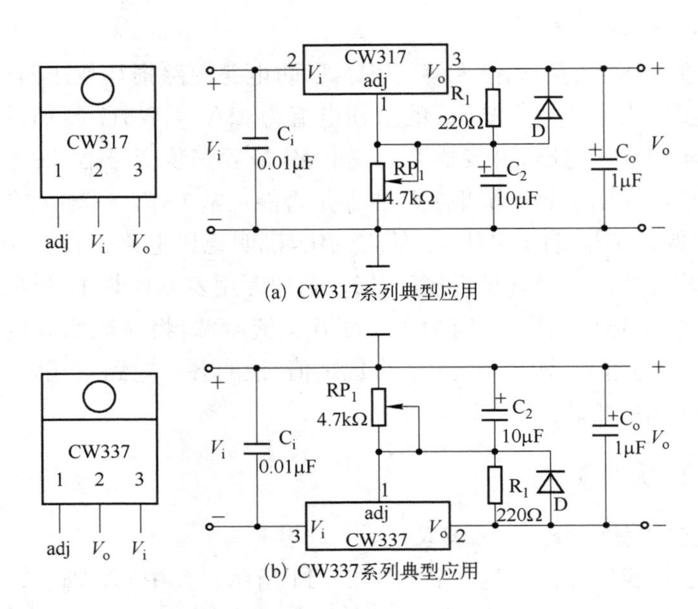

(a) CW317系列典型应用

(b) CW337系列典型应用

图 4-15 可调式三端稳压器的典型应用

其中 CW317 系列稳压器输出连续可调的正电压，CW337 系列稳压器输出连续可调的负电压。稳压器内部含有过流、过热保护电路。R_1 与 RP_1 组成电压输出调节电路，输出电压为：

$$V_o \approx 1.25(1 + RP_1/R_1)$$

R_1 的值为 120 Ω～240 Ω，流经 R_1 的泄放电流为 5～10 mA。RP_1 为精密可调电位器。电容 C_2 与 RP_1 并联组成滤波电路，以减小输出的纹波电压。二极管 D 的作用是防止输出端与地短路时，损坏稳压器。

集成稳压器的输出电压 V_o 与稳压电源的输出电压相同。稳压器的最大允许电流 $I_{CM} < I_{o\max}$，输入电压 V_i 的范围为：

$$V_{o\max} + (V_i - V_o)_{\min} \leqslant V_i \leqslant V_{o\min} + (V_i - V_o)_{\max}$$

式中，$V_{o\max}$ 为最大输出电压；$V_{o\min}$ 为最小输出电压；$(V_i - V_o)_{\min}$ 为稳压器的最小输入、输出压差；$(V_i - V_o)_{\max}$ 为稳压器的最大输入、输出压差。

2. 电源变压器

通常根据变压器副边输出的功率 P_2 来选购(或自绕)变压器。由变压器副边的输出电压 V_2 与稳压器输入电压 V_i 的关系可得，V_2 的值不能取大，V_2 越大，稳压器的压差越大，功耗也就越大。一般取 $V_2 \geqslant V_{\mathrm{i\,min}}/1.1$，$I_2 > I_{\mathrm{o\,max}}$。

3. 整流二极管及滤波电容

整流二极管 $\mathrm{D_2}$ 的反向击穿电压 V_{RM} 应满足 $V_{\mathrm{RM}} > \sqrt{2}V_2$，其额定工作电流应满足 $I_{\mathrm{F}} > I_{\mathrm{o\,max}}$。

滤波电容 C 可由下式估算：

$$C = \frac{I_{\mathrm{C}}t}{\Delta V_{\mathrm{ip\text{-}p}}}$$

式中，$\Delta V_{\mathrm{i\,p\text{-}p}}$ 为稳压器输入端纹波电压的峰-峰值；t 为电容 C 的放电时间，$t = T/2 = 0.01\ \mathrm{s}$；$I_{\mathrm{C}}$ 为电容 C 的放电电流，可取 $I_{\mathrm{C}} = I_{\mathrm{o\,max}}$，滤波电容 C 的耐压值应大于 $\sqrt{2}V_2$。

4. 稳压电源的性能指标及测试方法

(1) 最大输出电流。它指稳压电源正常工作时能输出的最大电流，用 $I_{\mathrm{o\,max}}$ 表示。一般情况下的工作电流 $I_{\mathrm{o}} < I_{\mathrm{o\,max}}$。稳压电路内部应有保护电路，以防止 $I_{\mathrm{o}} > I_{\mathrm{o\,max}}$ 时损坏稳压器。

(2) 输出电压。它指稳压电源的输出电压，用 V_{o} 表示。采用如图 4-16 所示的测试电路，可以同时测量 V_{o} 与 $I_{\mathrm{o\,max}}$。其测试过程是：输出端接负载电阻 $\mathrm{R_L}$，输入端接 220 V 的交流电压，数字电压表的测量值即为 V_{o}。使 R_{L} 逐渐减小，直到 V_{o} 的值下降 5%，此时流经负载 $\mathrm{R_L}$ 的电流即为 $I_{\mathrm{o\,max}}$（记下 $I_{\mathrm{o\,max}}$ 后迅速增大 R_{L}，以减小稳压电源的功耗）。

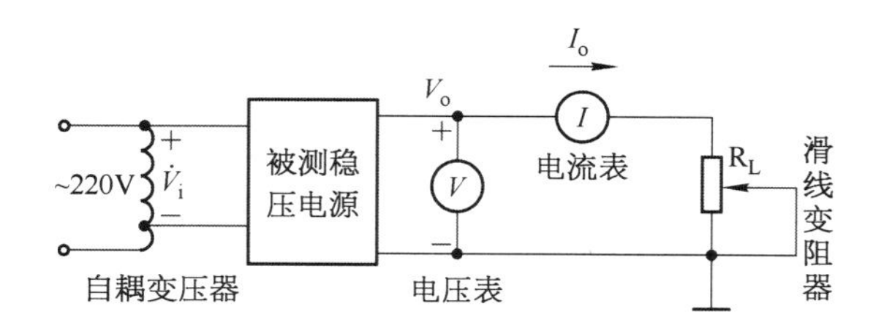

图 4-16　稳压电源性能指标测试电路

(3) 纹波电压。它指叠加在输出电压 V_{o} 上的交流分量，一般为 mV 级。可将其放大后，用示波器观测其峰-峰值 $\Delta V_{\mathrm{o\,p\text{-}p}}$，也可以用交流电压表测量其有效值 ΔV_{o}，由于纹波电压不是正弦波，所以用有效值衡量存在一定误差。

(4) 稳压系数。它指在负载电流 I_{o}、环境温度 T 不变的情况下，输入电压的相对变化引起输出电压的相对变化，即稳压系数：

$$S_V = \left.\frac{\Delta V_o / V_o}{\Delta V_i / V_i}\right|_{\substack{I_o=常数 \\ T=常数}}$$

S_V 的测量电路如图 4-16 所示。测试过程是：先调节自耦变压器使输入电压增加 10%，即 $V_i = 242$ V，测量此时对应的输出电压 V_{o1}；再调节自耦变压器使输入电压减少 10%，即 $V_i = 198$ V，测量这时的输出电压 V_{o2}，然后再测出 $V_i = 220$ V 时对应的输出电压 V_o，则稳压系数：

$$S_V = \frac{\Delta V_o / V_o}{\Delta V_i / V_i} = \frac{220}{242 - 198} \cdot \frac{V_{o1} - V_{o2}}{V_o}$$

实验四　多功能数字计时器

一、实验任务

1. 实验目的

(1) 掌握数字电路完整系统的设计方法。

(2) 掌握555电路构成多谐振荡电路的原理和输出频率计算。

(3) 掌握数字电路的安装和调试技术。

2. 设计的技术指标和要求

(1) 以数字形式显示时、分、秒的时间。

(2) 时以12小时计,分和秒为60进位,小时计时实现“12翻1”。

(3) 具有时和分的手动快速校时功能,具有闹铃和闹响时间控制功能。

3. 设计实验所用元器件及仪器设备

74LS00	4片	数码显示器BS202	6只
74LS90	2片	555	2片
74LS03(OC)	2片	晶振32768Hz	1块
74LS92	2片	直流稳压电源	一台
74LS04	2片	示波器	一台
74LS93	2片	万用表	一只
74LS20	2片		
74LS191	2片		
74LS48	4片		
74LS74	2片		

4. 设计性实验报告要求

(1) 设计计时器的电路图。

(2) 设计计时器的校准和闹时功能电路。

(3) 调试并测量555电路产生频率值,测试并校核1秒计时脉冲。

(4) 记录并分析数字计时器的干扰问题。

二、实验原理

数字计时器的工作原理是：振荡器产生的稳定的高频脉冲信号，作为数字钟的时间基准，再经分频器输出标准秒脉冲。秒计数器计满 60 后向分计数器进位，分计数器计满 60 后向小时计数器进位，小时计数器按照“12 翻 1”规律计数。计数器的输出经译码器送显示器。计时出现误差时可以用校时电路进行校时、校分、校秒。

多功能数字计时器的系统框图如图 4－17 所示，主体电路完成计时和校时功能，功能电路完成定时和闹铃功能。

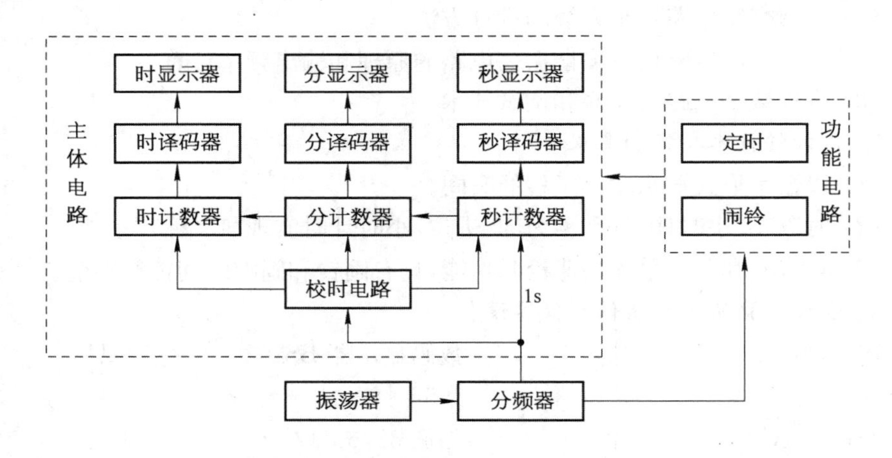

图 4－17 多功能数字计时器系统框图

三、实验内容

1. 振荡电路设计

振荡电路是精确计时的核心，振荡器的精准度直接决定计时器的计时精准度。通常选用石英晶体构成振荡源，若精度要求不高时，也可用 555 与 RC 电路组成多谐振荡器，分别如图 4－18、图 4－19 所示。

2. 分频器设计

分频器的功能是产生标准的 1 Hz 秒脉冲供计时用。另外，提供比 1 Hz 频率高的脉冲供快速校时用。用计数器完成分频功能。

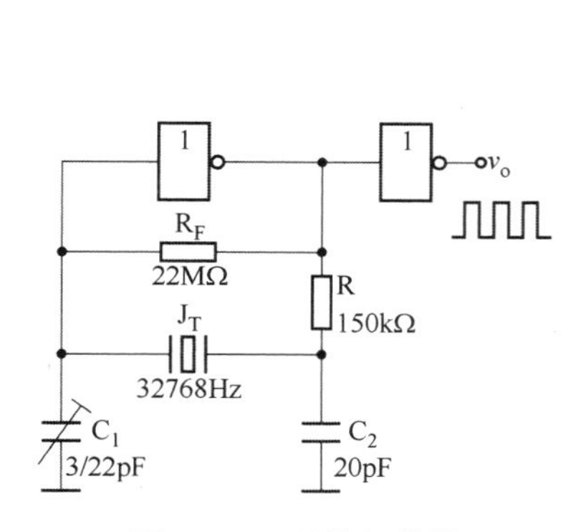

图 4-18　晶体振荡器

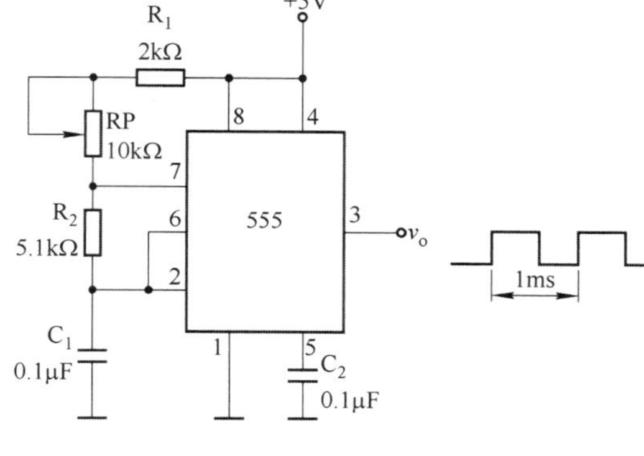

图 4-19　555 振荡器

3. 时、分、秒计时电路设计

分和秒计数器都是模 $M=60$ 的计数器，其计数规律为 00—01—…—58—59—00…选 74LS92 作十位计数器，74LS90 作个位计数器，再将它们级联组成模数 $M=60$ 的计数器。

时计数器是一个"12 翻 1"的特殊进制计数器，即当数字钟运行到 12 时 59 分 59 秒时，秒的个位计数器再输入一个秒脉冲时，数字钟应自动显示为 01 时 00 分 00 秒，实现日常生活中习惯用的计时规律。可选用 74LS191 和 74LS74。

4. 快速校时电路设计

当数字计时器刚接通电源或计时出现误差时，需要进行校时，并用合适频率的脉冲对时、分、秒进行较快速度的校时。对校时电路的要求是，对时、分、秒能分别独立校时。即在对小时进行校正时，不影响分、秒的正常计时；在对分钟进行校正时，不影响时、秒的正常计时；在对秒钟进行校正时，不影响时、分的正常计时。快速校正用开关按钮控制校正脉冲的进入，时、分校时电路如图 4-20 所示。

图中，校时电路是由与非门构成的组合逻辑电路，开关 S_1 或 S_2 为"0"或"1"时，可能会产生抖动，接电容 C_1、C_2 可以缓解抖动。必要时还应将其改为去抖动开关电路。

5. 闹铃控制电路设计

要求在规定的时刻闹响，闹响一段时间后停闹，需控制闹响时刻和闹响持续时间。

例：要求上午 7 时 59 分发出闹时信号，持续时间为 1 分钟。

则：7 时 59 分对应数字钟的时个位计数器的状态为 $(Q_3Q_2Q_1Q_0)_{H1}=0111$，分

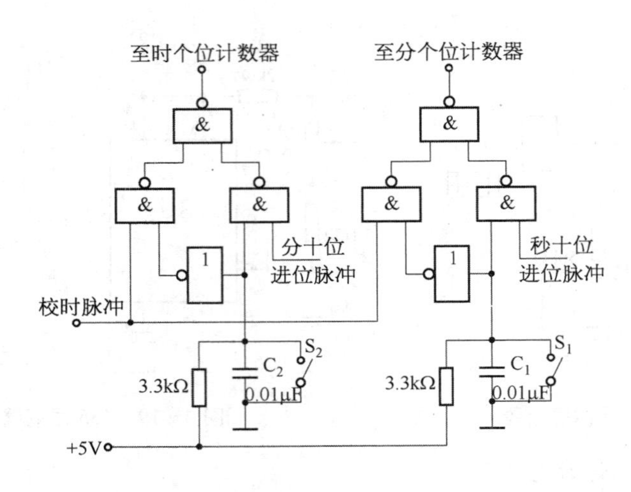

图 4-20 校时电路

十位计数器的状态为$(Q_3Q_2Q_1Q_0)_{M2}=0101$，分个位计数器的状态为$(Q_3Q_2Q_1Q_0)_{M1}=1001$。若将上述计数器输出为“1”的所有输出端经过与门电路去控制音响电路，可以使音响电路正好在 7 点 59 分响，持续 1 分钟后(即 8 点时)停响。所以闹时控制信号 Z 的表达式为：

$$Z=(Q_2Q_1Q_0)_{H1}\cdot(Q_2Q_0)_{M2}\cdot(Q_3Q_0)_{M1}\cdot M$$

式中，M 为上午的信号输出，要求 $M=1$。

如果用与非门实现上式所表示的逻辑功能，则可以将 Z 进行布尔代数变换，即：

$$Z=\overline{\overline{(Q_2Q_1Q_0)_{H1}\cdot M}\cdot\overline{(Q_2Q_0)_{M2}\cdot(Q_3Q_0)_{M1}}}$$

实现上式的逻辑电路如图 4-21 所示，其中 74LS20 为 4 输入二与非门，74LS03 为集电极开路(OC 门)的 2 输入四与非门，因 OC 门的输出端可以进行“线与”，使用时在它们的输出端与电源+5 V 端之间应接一电阻 R_L，R_L 的值可由 $R_{L\max}$、$R_{L\min}$公式计算，取 $R_L=3.3\ k\Omega$。如果控制 1 kHz 高音和驱动音响电路的两级与非门也采用 OC 门，则 R_L 的值应重新计算。

由图可见上午 7 点 59 分时，音响电路的晶体管导通，则扬声器发出 1 kHz 的声音。持续 1 分钟到 8 点整晶体管因输入端为“0”而截止，电路停闹。

系统主要电路如图 4-22 所示。

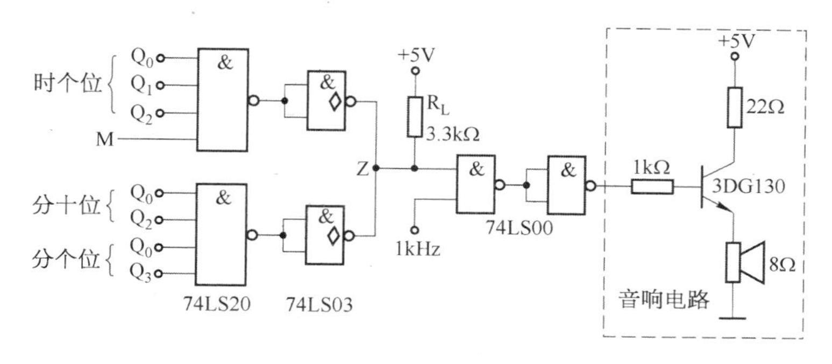

图 4-21 闹时电路

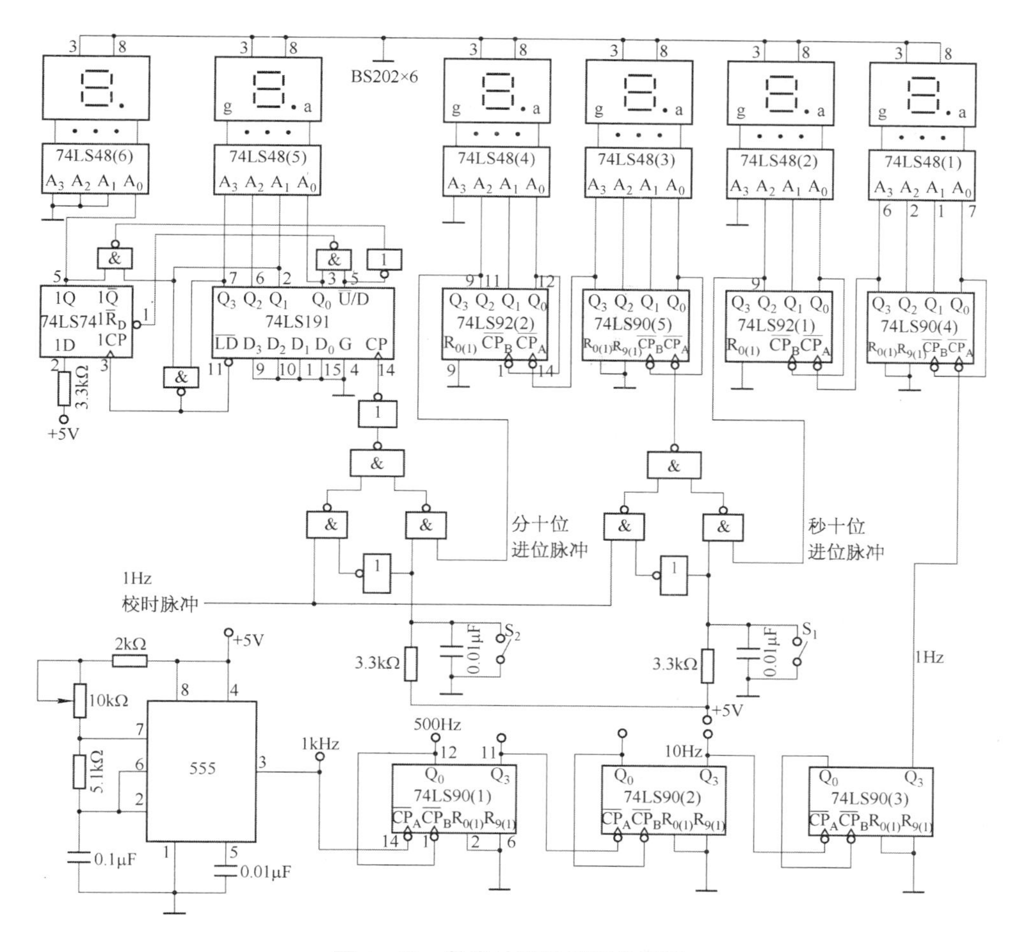

图 4-22 数字计时器逻辑电路图

四、实验预习要求

集电极开路(OC)门和三态(TS)门的应用

集电极开路(OC)与非门和三态(TS)输出门都具有"线与"的功能,即它们的输出端可以直接相连。

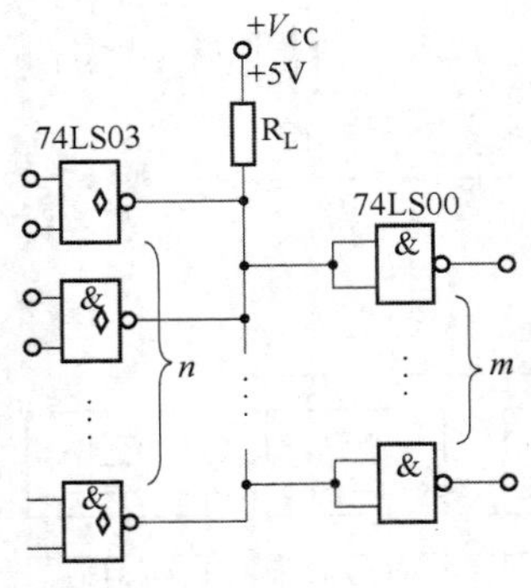

图 4-23 *n* 个 OC 门线与

对于集电极开路的与非门,因其输出端是悬空的,使用时一定要在输出端与电源之间接一电阻 R_L,其值根据应用条件决定。图 4-23 为 *n* 个 OC 门"线与"驱动 TTL 门电路的情况。分析表明,外接电阻 R_L 的最大值 $R_{L\max}$ 和最小值 $R_{L\min}$ 的表达式:

$$R_{L\max}=\frac{V_{CC}-V_{OH\min}}{nI_{OH}+mI_{IH}}$$

$$R_{L\min}=\frac{V_{CC}-V_{OL\max}}{I_{OL}-mI_{IL}}$$

式中,$V_{OH\min}=2.4\,V$,$V_{OL\max}=0.4\,V$,$I_{OH}=100\,\mu A$,$I_{OL}=8\,mA$,$I_{IL}=0.4\,mA$,$I_{IH}=50\,\mu A$;m 为负载门输入端总个数。

用 OC 与非门实现"与或非"逻辑功能比采用普通与非门要经济得多,如图 4-24 所示。用一级 OC 门可代替三级与非门,不仅器件少而且速度大大提高。R_L 的取值范围由公式计算,一般取 $R_{L\min}<R_L<R_{L\max}$。

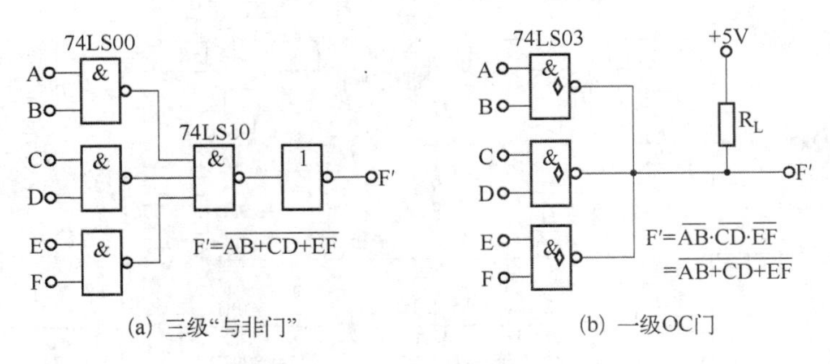

图 4-24 一级 OC 门代替三级"与非门"

三态(TS)输出与非门与普通与非门电路不同之处在于多了一个控制端(又称禁止端或使能端 EN),如图 4-25 所示。当控制端为高电平时,输出端断开,呈现高阻状态,或称"悬挂"。当控制端为低电平时,输出等于输入。将三态缓冲驱动器的输出端直接并联到一条公共总线上，当它们的控制端 C 轮流为低电平时，可将各组数据轮流地传送到总线上。

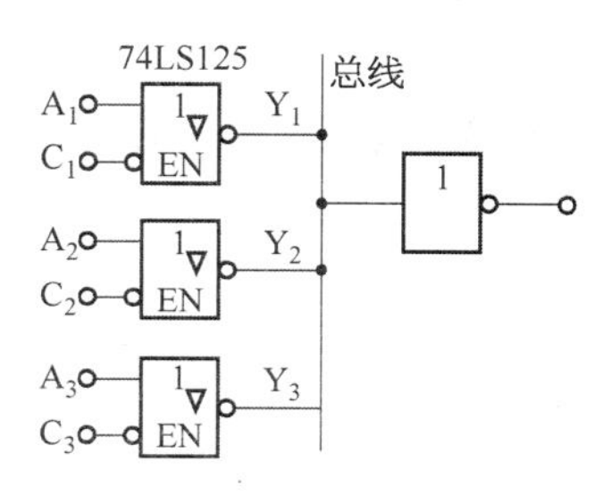

图 4－25　三态门用于数据传输

实验五　数字信号频率测量计

一、实验任务

1. 实验目的

(1) 掌握数字频率计的设计方法，了解测量频率与测量周期的区别。

(2) 掌握数字频率计的安装与调试方法。

(3) 能根据被测信号频率的高低，设计合理的测量方案和测量电路，以减小误差。

2. 设计的技术指标和要求

(1) 被测信号频率范围 1 Hz～1 MHz。

(2) 被测信号幅度 0.2～5 V。

(3) 测量相对误差 $\Delta f_x/f_x \leqslant \pm 2 \times 10^{-3}$。

(4) 测量波形：方波、正弦波、三角波。

(5) 对符合上述要求的波形进行波形的频率测量并显示，显示为 4 位十进制数值，并且能显示小数和小数点，并显示频率单位。

3. 设计实验所用元器件及仪器设备

74LS123	1 片	555 电路	1 片
74LS273	2 片	数码显示器 BS202	4 只
74LS48	4 片	3DG100	1 只
74LS90	6 片	直流稳压电源	一台
74LS92	1 片	万用表	一只
74LS00	2 片	示波器	一台
74LS74	1 片	信号发生器	一台
74LS151	1 片		
74LS138	1 片		

4. 设计性实验报告要求

(1) 按技术指示的要求设计电路图。

(2) 在被测频率范围内,记录被测频率与测得频率值,分析测量误差及原因。

(3) 分别测量并记录方波、正弦波和三角波信号的测量值,进行误差分析。

(4) 分别就较高频率(如 1 kHz~1 MHz)和较低频率(如 0.1~10 Hz)的信号测量进行分析,了解测频与测周的重要区别。

二、实验原理

频率是周期变化的信号在单位时间(1 秒)内的变化次数,若在 1 秒时间内测得这个周期信号的变化次数为 N,则 N 就为其频率值。

图 4-26 是数字频率计的组成框图。被测信号 v_x 经放大整形电路变成计数器所要求的脉冲信号Ⅰ,其频率与被测信号的频率 f_x 相同。时基电路提供标准时间基准信号Ⅱ,其高电平持续时间 $t_1 =$ 1 s,当 1 s 信号来到时,闸门开通,被测脉冲信号通过闸门、计数器开始计数,直到 1 s 信号结束时闸门关闭,停止计数。若在闸门开通时间 1 s 内计数器计得的脉冲个数为 N,则被测信号频率 $f_x = N$ Hz。逻辑控制电路的作用有两个:一是产生锁存脉冲Ⅳ,使显示器上的数字稳定;二是产生清"0"脉冲Ⅴ,使计数器每次测量从零开始计数。

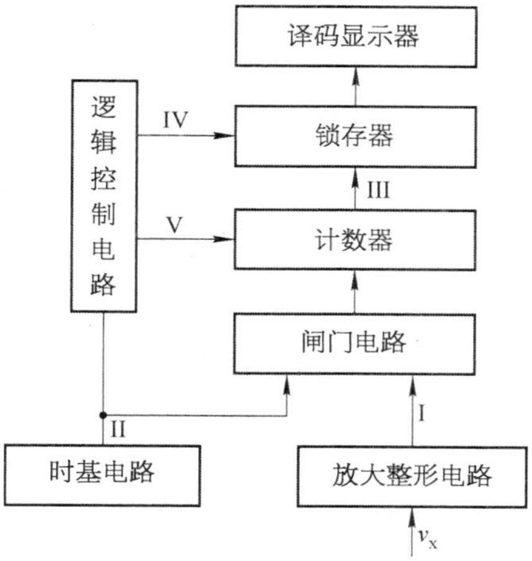

图 4-26 频率测量计系统框图

三、实验内容

1. 基本电路设计

数字频率计的基本电路如图 4-27 所示,各部分作用如下。

(1) 放大整形电路。放大整形电路由晶体管 3DG100 与 74LS00 等组成,其中 3DG100 组成放大器将输入频率为 f_x 的周期信号如正弦波、三角波等进行放大。与非门 74LS00 构成施密特触发器,它对放大器的输出信号进行整形,使之成为矩形脉冲。

(2) 时基电路。时基电路的作用是产生一个标准时间信号,高电平持续时间为 1 s,由定时器 555 构成的多谐振荡器产生(当标准时间的精度要求较高时,应通

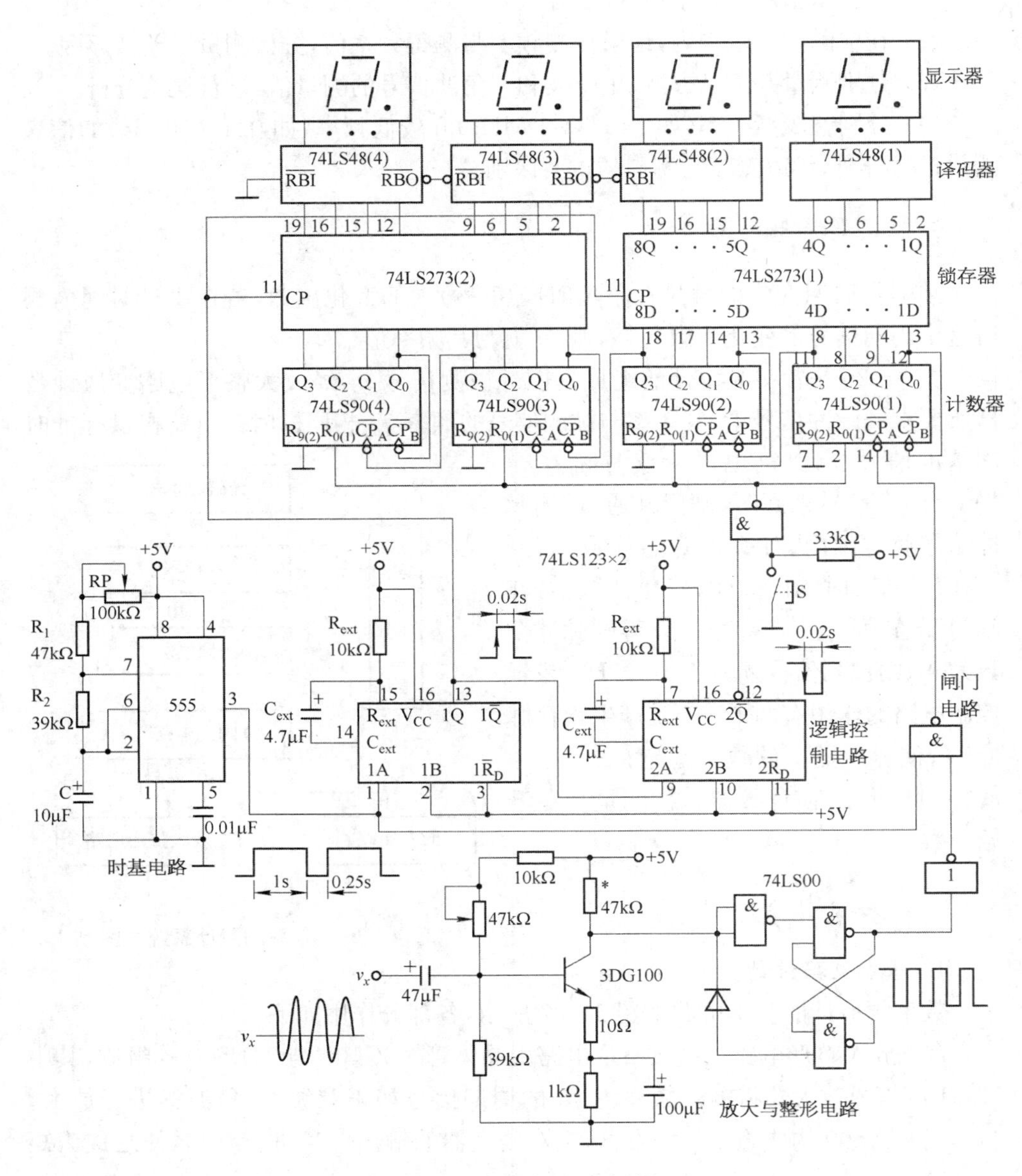

图 4-27 数字频率计电路图

过晶体振荡器分频获得)。若振荡器的频率 $f_o = 1/(t_1 + t_2) = 0.8\,\text{Hz}$,$t_1$ 为高电平持续时间,t_2 为低电波持续时间,其中 $t_1 = 1\,\text{s}$, $t_2 = 0.25\,\text{s}$。由公式 $t_1 = 0.7(R_1 + R_2)C$ 和 $t_2 = 0.7R_2C$,可计算出电阻 R_1、R_2 及电容 C 的值。若取电容 $C = 10\,\mu\text{F}$,则:

$R_2 = t_2/0.7C = 35.7\,\text{k}\Omega$　　取标称值 $36\,\text{k}\Omega$

$R_1 = (t_1/0.7C) - R_2 = 107\,\text{k}\Omega$　　取 $R_1 = 47\,\text{k}\Omega$, $RP = 100\,\text{k}\Omega$

(3) 逻辑控制电路。根据图 4-26 所示,可在时基信号Ⅱ结束时产生的负跳变用来产生锁存信号Ⅳ,锁存信号Ⅳ的负跳变又用来产生清“0”信号Ⅴ。脉冲信号Ⅳ和Ⅴ可由两个单稳态触发器 74LS123 产生,它们的脉冲宽度由电路的时间常数决定。

设锁存信号Ⅳ和清“0”信号Ⅴ的脉冲宽度 t_w 相同,如果要求 $t_w = 0.02\,\text{s}$,则由单稳态触发器 74LS123 脉冲宽度公式得:

$$t_w = 0.45R_{ext}C_{ext} = 0.02\,\text{s}$$

若取 $R_{ext} = 10\,\text{k}\Omega$　则

$$C_{ext} = t_w/0.45R_{ext} = 4.4\,\mu\text{F}\quad(\text{取标称值 }4.7\,\mu\text{F})$$

由 74LS123 的功能表 4-2 可得,当 $1R_D = 1B = 1$、触发脉冲从 1 A 端输入时,在触发脉冲的负跳变作用下,输出端 1Q 可获得一正脉冲,$1\,\overline{Q}$ 端可获得一负脉冲。手动复位开关 S 按下时,计数器清“0”。

(4) 锁存器。锁存器的作用是将计数器在 1 s 结束时所计得的数进行锁存,使显示器上能稳定地显示此时计数器的值。如图 4-26 所示,1 s 计数时间结束时,逻辑控制电路发出锁存信号Ⅳ,将此时计数器的值送译码显示器。

选用 8D 锁存器 74LS273 可以完成上述功能。当时钟脉冲 CP 的正跳变来到时,锁存器的输出等于输入,即 $Q = D$。从而将计数器的输出值送到锁存器的输出端。正脉冲结束后,无论 D 为何值,输出端 Q 的状态仍保持原来的状态 Q_n 不变。所以在计数期间内,计数器的输出不会送到译码显示器。

2. 扩展电路设计

图 4-27 所示的数字频率计电路,测量的最高频率只能为 9.999 kHz,完成一次测量的时间约 1.25 s。若被测信号频率增加到数百千赫兹或数兆赫兹时,则需要增加频率范围扩展电路。

频率范围扩展电路如图 4-28 所示,该电路可实现频率量程的自动转换。其工作原理是:当被测信号频率升高,千位计数器已满,需要升量程时,计数器的最高位

产生进位脉冲 Q_3，送到由 74LS92 与两个 D 触发器共同构成的进位脉冲采集电路。第一个 D 触发器的 1D 端接高电平，当 Q_3 的下跳沿来到时，74LS92 的 Q_0 端输出高电平，则第一个 D 触发器的 1Q 端产生进位脉冲并保持到清"0"脉冲到来。该进位脉冲使多路数据选择器 74LS151 的地址计数器 74LS90 加 1，多路数据选择器将选通下一路输入信号，即比上一次频率低 10 倍的分频信号，由于此时个位计数器的输入脉冲的频率比被测频率 f_x 低 10 倍，故要将显示器的数乘以 10 才能得到被测频率值，这可以通过移动显示器上小数点的位置来实现。如图 4－28 所示，若被测信号不经过分频（10^0 输出），显示器上的最大值为 9.999 kHz，若经过 10^1 分频后，显示器上的最大值为 99.99 kHz，即小数点每向右移动一位，频率的测量范围扩大 10 倍。

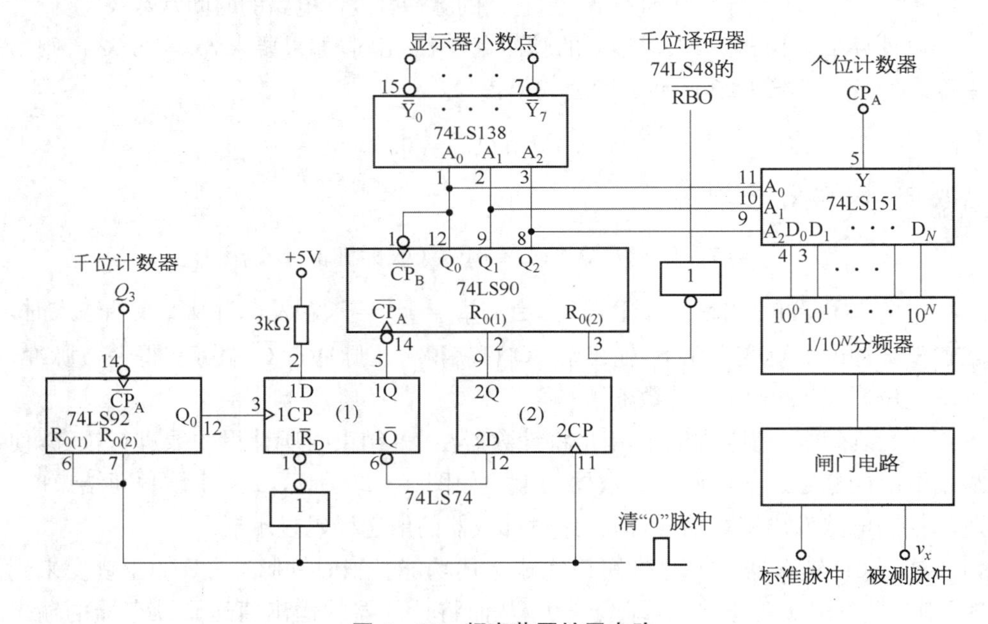

图 4－28　频率范围扩展电路

进位脉冲采集电路的作用是使电路工作稳定，避免当千位计数器计到 8 或 9 时，产生小数点的跳动。第二个 D 触发器用来控制清"0"，即有进位脉冲时电路不清"0"，而无进位时则清"0"。

当被测频率降低需要转换到低量程时，可用千位（最高位）是否为零来判断。在此利用千位译码器 74LS48 的灭零输出端 $\overline{RBO}$，当 $\overline{RBO}$ 端为零时，输出为零，这时就需要降量程。因此，取其非作为地址计数器 74LS90 的清"0"脉冲。为了能把高位多余的零熄灭，只需把高位的灭零输入端 $\overline{RBI}$ 接地，同时把高位的 $\overline{RBO}$ 与低位的$\overline{RBI}$相连即可。由此可见，只有当检测到最高位为“0”，并且在该1秒钟内没有进位脉冲时，地址计数器才清“0”复位，即转换到最低量程，然后再按升量程的原理自动换档，直至找到合适的量程。若将地址译码器74LS138的输出端取非，变成高电平以驱动显示器的小数点h，则可显示扩展的频率范围。

四、实验预习要求

1. 较低频率信号的测量及误差

当被测信号的频率较低时，采用直接测频方法由量化误差引起的测频误差太大，为了提高测低频时的准确度，应先测周期 T_x，然后计算 $f_x = 1/T_x$。

数字频率计测周期的示意图如图 4-29 所示。被测信号经放大整形电路变成方波，加到门控电路产生闸门信号，如 $T_x = 10$ ms，则闸门打开的时间也为 10 ms，在此期间内，周期为 T_s 的标准脉冲通过闸门进入计数器计数。若 $T_s = 1\ \mu$s，则计数器计得的脉冲数 $N = T_x/T_s = 10\,000$ 个。若以毫秒(ms)为单位，则显示器上的读数为 10.000。

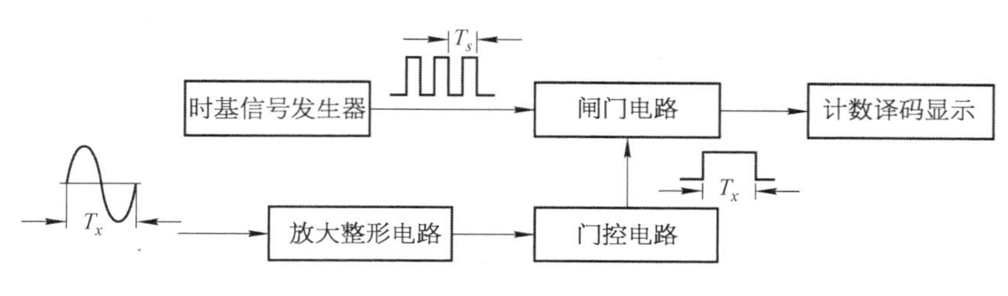

图 4-29 数字频率计测周期的示意图

以上分析可见，频率计测周期的基本原理正好与测频相反，即被测信号用来控制闸门电路的开通与关闭，标准时基信号作为计数脉冲。

2. 单稳态触发器

因内部电路结构不同，单稳态触发器分为非重触发与可重触发单稳态触发器两种。

(1) 非重触发单稳态触发器。非重触发单稳态触发器的常见产品有74LS121，其功能表如表 4-3 所示，它有两个负跳变触发输入端 1A 与 2A 及一个正跳变触发输入端 B。其中，B 端具有施密特电路的功能，它对触发脉冲的边沿要求不苛刻，而对触发脉冲的电平有一定要求，典型值为 1.2 V。图 4-30 表明了非重触发单稳态触发器的输入、输出波形关系。B 为一列输入脉冲，Q 为输出脉冲。在触发脉冲 B_1 的上升沿(正跳变)作用下，输出 Q 变为高电平，并“停留”一段时间

t_w 后自动返回低电平，称此“停留”时间 t_w 为单稳态触发器的“延迟”时间。在这段时间内输入脉冲 B_2……不会改变 Q 的高电平状态，只有等触发器延迟时间 t_w 完成后，Q 才返回为低电平，故称为非重触发。

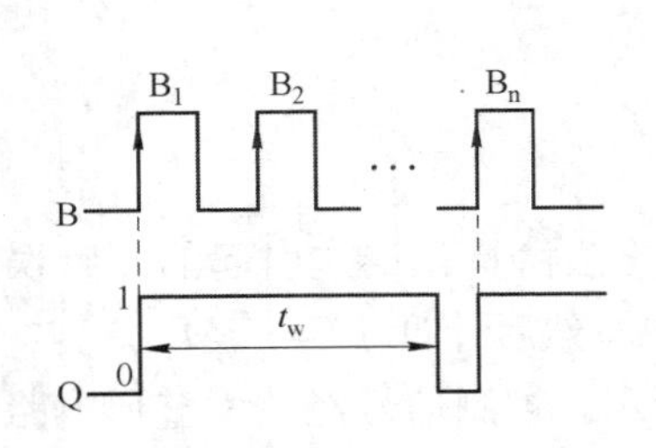

图 4-30　非重触发单稳态触发器的输入输出波形

表 4-2　74LS123 功能表

输入			输出	
CLR	A	B	Q	$\overline{Q}$
0	×	×	0	1
×	1	×	0	1
×	×	0	0	1
1	0	↑	⊓	⊔
1	↓	1	⊓	⊔
↑	0	1	⊓	⊔

(2) 可重触发单稳态触发器。可重触发单稳态触发器的常见产品有 74LS123 或 74LS221。这是一个双单稳态触发器，每个触发器的功能如表 4-2 所示。触发器的输入输出波形关系如图 4-31 所示。输入脉冲 B_1 触发后还可以借助 B_2 再触发，使输出脉冲展宽，故称为可重触发。由图可见，未加重触发脉冲时的输出端 Q 的脉宽为 t_{w1}，加重触发脉冲后的脉宽变为 t_{w2}。即：

$$t_{w2} = T + t_{w1}$$

表 4-3　74LS121 功能表

输入			输出	
1A	2A	B	Q	$\overline{Q}$
0	×	1	0	1
×	0	1	0	1
×	×	0	0	1
1	1	×	0	1
1	↓	1	⊓	⊔
↓	1	1	⊓	⊔
↓	↓	1	⊓	⊔
0	×	↑	⊓	⊔
×	0	↑	⊓	⊔

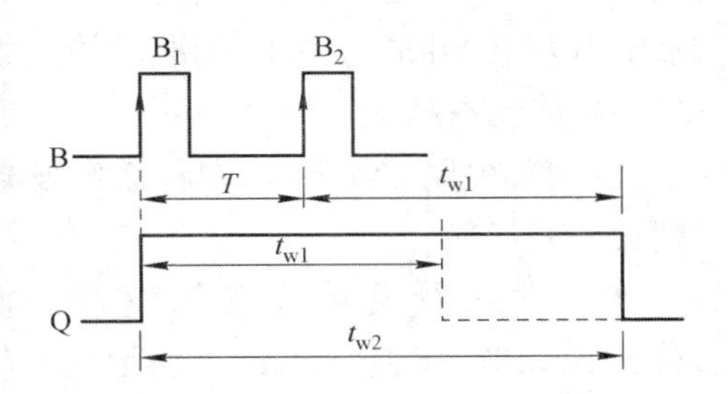

图 4-31　可重触发单稳态触发器的输入输出波形

对于 74LS123，有：

$$t_{w1} = 0.45 R_{ext} C_{ext}$$

式中，R_{ext}为其外接定时电阻；C_{ext}为其外接定时电容。

可重触发的单稳态触发器一般都带有复位端或清除端 CLR。在清除端 CLR 变为低电平时，由功能表 4-2 可见，不论这时触发器的输入端 A、B 为何值，触发器的输出 Q=0。

实验六　数字电容容量测量电路

一、实验任务

1. 实验目的

(1) 掌握一种采用555定时器测量电容容量的方法。

(2) 掌握计数器、译码器、LED数码显示器的使用。

(3) 掌握各参数的计算方法，以及综合考虑。

2. 设计的技术指标和要求

(1) 三个测量量程：0～99.9 nF，0～999 nF，0～9.99 μF。

(2) 精度：1%。

(3) 读数分辨率：0.1%。

3. 设计实验所用元器件及仪器设备

CD4518　×2

CD4511　×3

NE555　×3

七段LED数码管　×3

电位器、开关、电阻、电容若干

万用表、频率计、示波器、稳压电源

4. 设计性实验报告要求

(1) 分析各相关节点的波形。

(2) 分析影响测量精度的主要因素。

(3) 讨论如何提高测量精度及读数分辨率。

二、实验原理

1. 电容容量的测量原理

图4-32所示为一由555定时器组成的单稳态触发器及其工作波形。

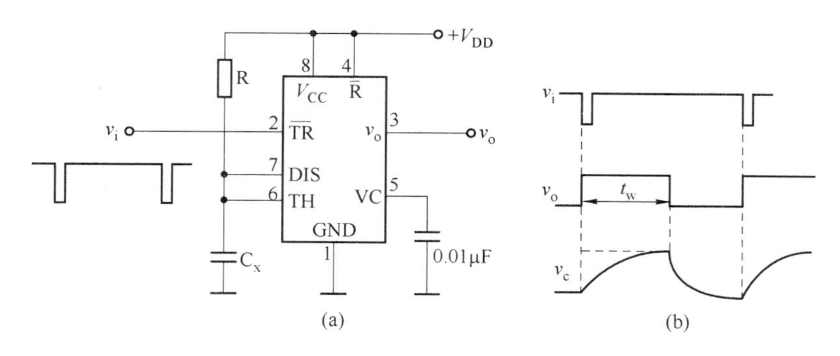

图 4-32　555 组成的单稳态触发器及输入输出波形

其单稳时间 $t_w = RC_x \ln 3 = 1.1RC_x$

其中电阻 R 为一给定值；电容 C_x 为待测电容。若测得单稳时间 t_w，则电容 C_x 容量就可得到。

2. 单稳时间 t_w 的测量方法

用一固定周期 T_c 方波信号作为时钟信号，在单稳时间 t_w 时间内，对该时钟信号计数，该计数值 N 将正比于单稳时间 t_w 值。即：

$$NT_c = t_w = 1.1RC_x$$

$$N = \frac{1.1R}{T_c} \cdot C_x$$

合理选择 T_c、R 的值，可使计数值 N 的数值对应待测电容 C_x 的容量值。

3. 重复测量

要实现重复测量，须有一周期触发信号，其测量步骤如下：

(1) 清计数器。

(2) 触发单稳电路，同时计数器开始计数。

(3) 单稳态结束，计数器停止计数。

(4) 译码器更新数据，将一直保持到下一次更新。

(5) 延时一段时间重复步骤(1)。

图 4-33 为实现上述操作步骤的框图及波形图。

4. 量程切换

图 4-34 为量程切换电路。选择不同的电阻 R_x，可测量不同范围的电容容量 C_x。R_{wx}为微调电阻，校正测量电路的系统误差。

测量电路完整原理图如图 4-35 所示，工作波形图如图 4-36 所示。

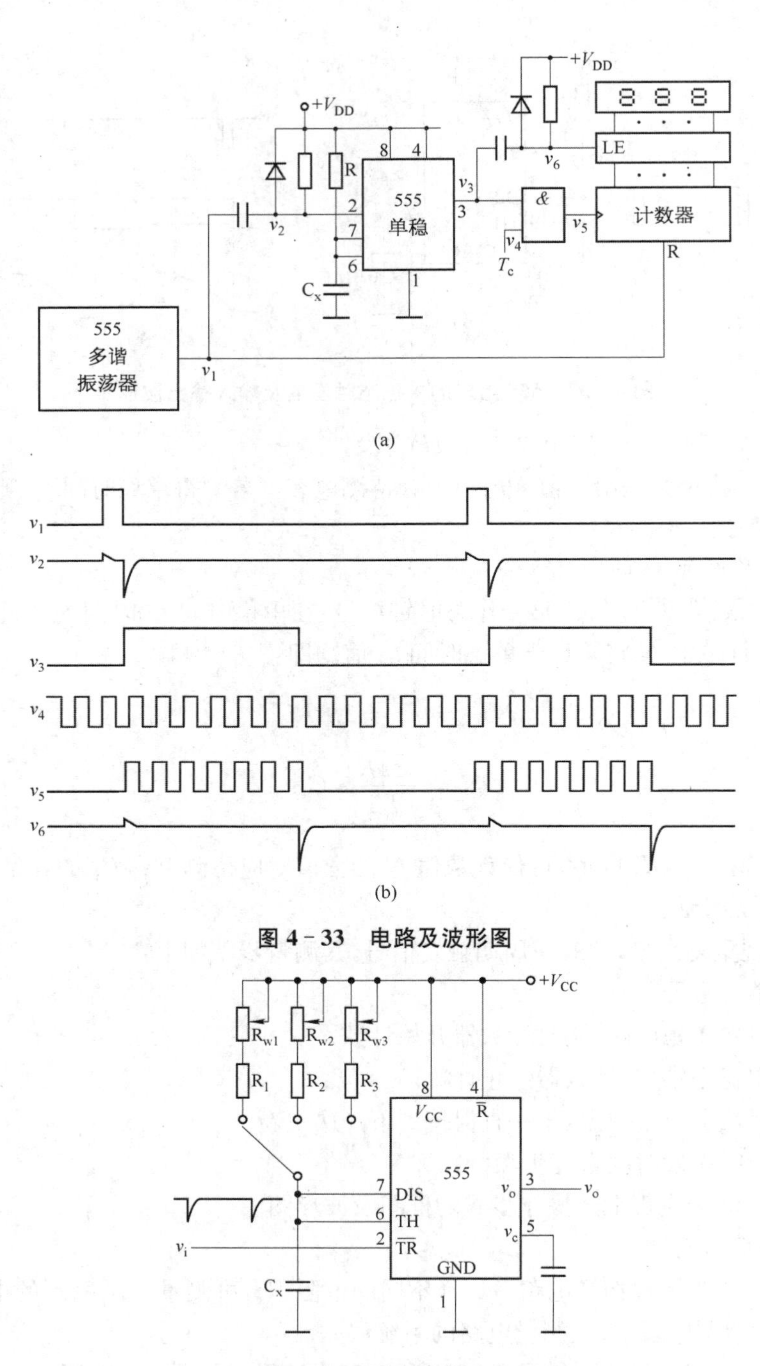

图 4-33 电路及波形图

图 4-34 量程切换电路

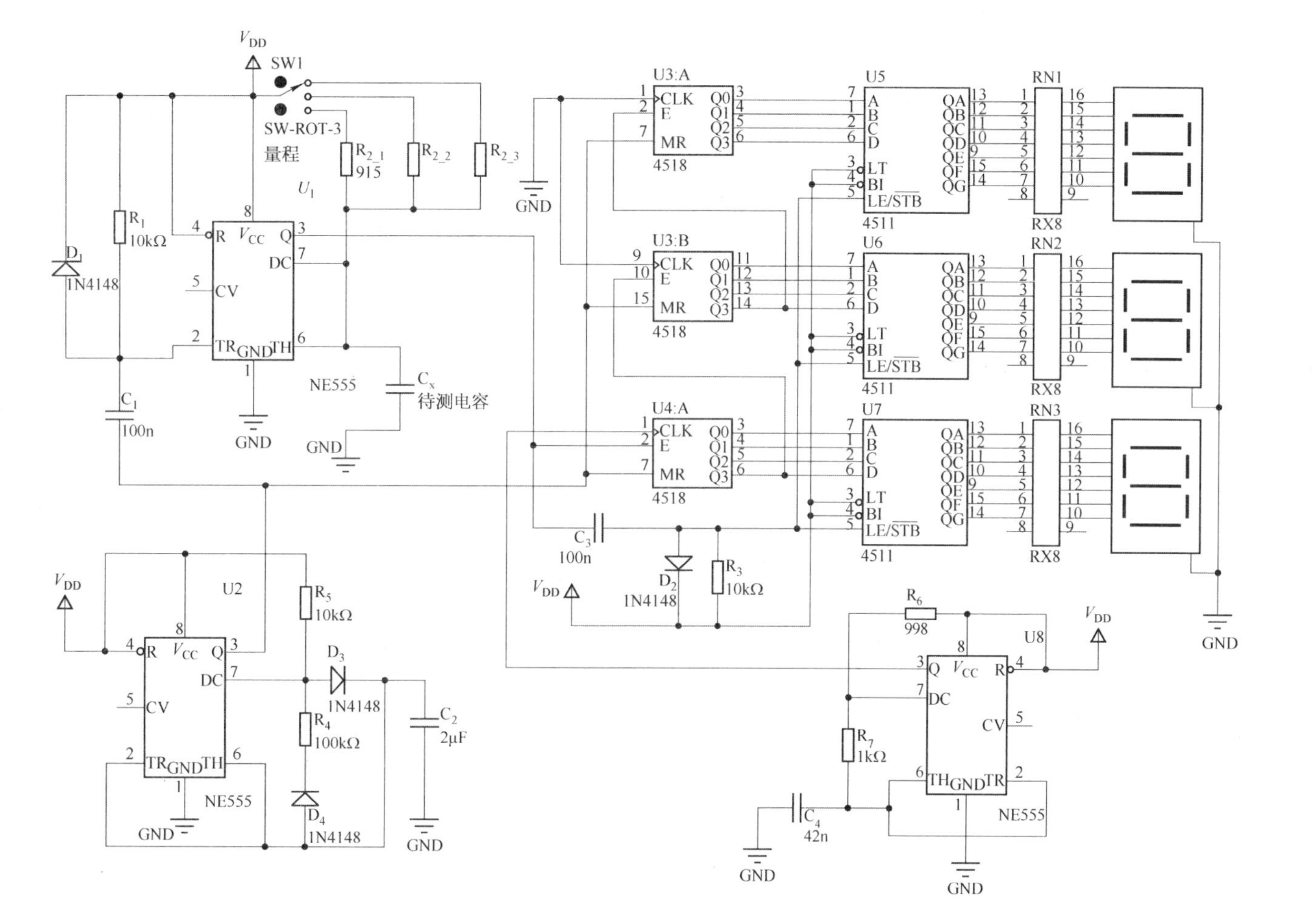

图 4-35　测量电路完整原理图及工作波形

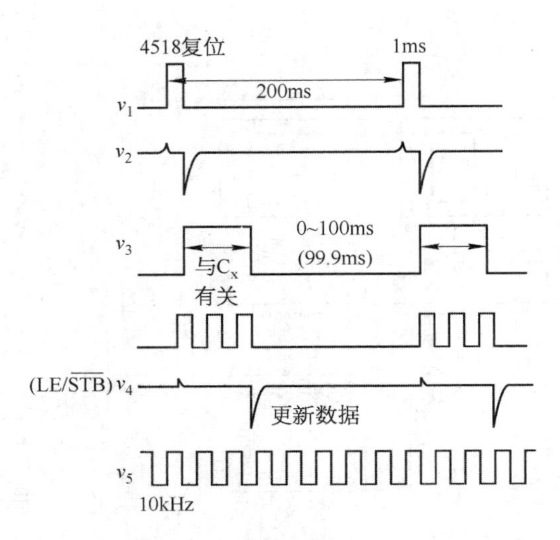

图 4-36　测量电路工作波形

三、实验内容

(1) 针对三个量程 0～99.9 nF，0～999 nF，0～9.99 μF，用 3 个七段 LED 数码管显示。要求每隔 200 ms 重复测量一次，并综合考虑，合理选择各相关参数。

(2) 连接各单元电路，且分别进行调试，然后再总调。

(3) 用示波器测出各相关点的电压波形，并进行记录。

四、实验预习要求

(1) 复习 555 定时器的有关内容(单稳态电路和多谐振荡器电路)。

(2) 复习 CD4518 十进制计数器，关注时钟输入端(CLK)，使能端(E)以及复位端(R)的功能。

(3) 复习七段显示译码器 CD4511 的使用，关注锁存端(LE)的功能。

(4) 复习七段 LED 数码管的使用，关注共阴共阳的问题，以及限流电阻的计算。

实验七　555定时器组成的D类放大器

一、实验任务

1. 实验目的

(1) 了解一种高效功率放大电路实现的方法。

(2) 熟悉555定时器控制电压端(5脚)的一种应用。

(3) 熟悉PWM(脉宽调制)的工作原理。

(4) 学会一些相关参数的分析方法。

2. 设计的技术指标和要求

(1) 不失真输出功率不小于300 mW。

(2) 在额定功率下放大器效率大于70%。

(3) 高次谐波小于1%。

3. 设计实验所用元器件及仪器设备

NE555×1

电阻、电容、电感、二极管若干

稳压电源、数字示波器、信号发生器、万用表

4. 设计性实验报告要求

(1) 分析各相关节点波形。

(2) 分析高频载波频率高低的影响以及所受的限制。

(3) 分析LC滤波截止频率对放大电路性能的影响。

(4) 设想一种改进方法。

二、实验原理

1. D类放大电路的工作原理

如图4-37所示，用输入的信号对一固定频率的高频信号进行脉宽调制(PWM)，然后将此PWM信号进行功率放大(由于PWM是开关信号，所以功率管

可工作在非线性区,即饱和区和截止区,故功率管自身消耗的功率将大大减少,从而使放大电路的效率大大提高),被放大了的功率 PWM 信号,经由 LC 滤波将高频载波信号滤除,于是在负载上得到了与输入信号相应的且具有一定功率的输出信号。

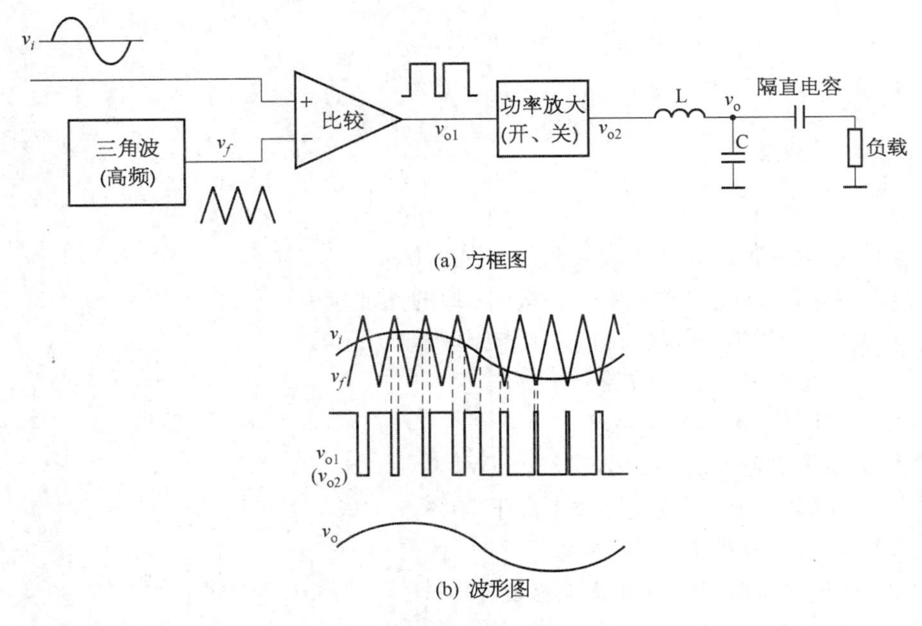

(a) 方框图

(b) 波形图

图 4-37 方框图及波形图

2. 555 定时器控制电压端(5 脚)的作用

如图 4-38 所示为 555 定时器的内部电路结构,控制电压 V_{IC}(5 脚)的大小将直接影响阈值输入 v_{I1} 和触发输入 v_{I2} 的翻转临界值。

当 555 组成多谐振荡电路时(如图 4-39 所示),在控制电压端 v_{IC}(5 脚)叠加上输入信号后,多谐振荡器的充放电时间将随之发生相应的改变。在 555 的输出端便可得到一随输入信号控制的脉宽调制波形。

3. 由 555 等组成的简易 D 类放大电路

将 555 输出信号经由 LC 滤波,再经电容隔直输出到负载 R_L,于是在 R_L 上便得到了一具有一定功率的与输入信号对应的信号输出,如图 4-40 所示。

三、实验内容

(1) 按图 4-40 原理图完成电路连接,检查无误后通电(加 $+V_{CC}$)。

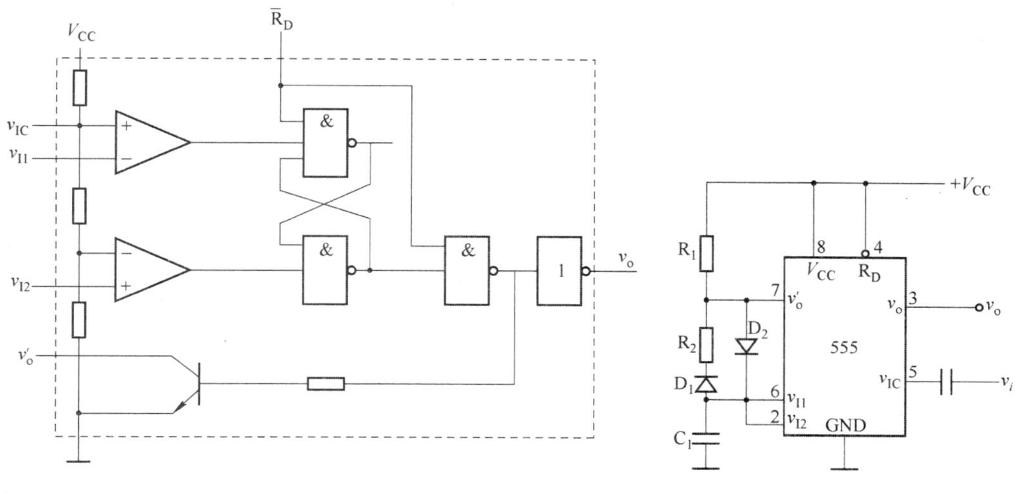

图 4-38　内部电路结构图　　　图 4-39　多谐振荡电路

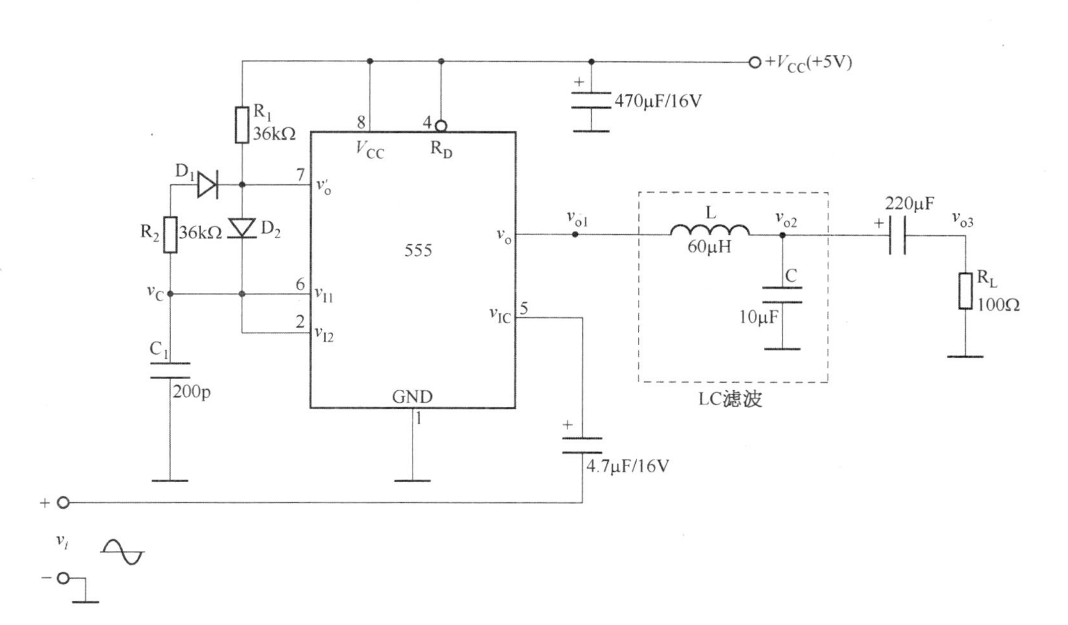

图 4-40　电路图

(2) 先不加 v_i 信号，用示波器观察并记录 v_C、v_{o1}、v_{o2}、v_{o3} 波形，调整相关参数使 v_{o1} 的频率为 100 kHz。

(3) 加上 v_i 信号，频率分别为 100 Hz、1 kHz、10 kHz，幅值为 1 V 的正弦信

号,用示波器观察并记录 v_C、v_{o1}、v_{o2}、v_{o3} 波形。

(4) 改变 LC 滤波器中的电容容量值(分别取 1 μF、10 μF、100 μF),观察各点波形的影响(高频信号的滤波作用,以及对输入信号高频特性的影响)。

四、实验预习要求

(1) 复习 555 定时器的有关内容(多谐振荡器、控制电压 v_{IC} 的作用),计算相关参数。

(2) 复习滤波电路,计算相应参数。

(3) 拟定实验步骤和测试方法。

实验八 步进式可调直流稳压电源

一、实验任务

1. 实验目的

(1) 熟悉一种开关式稳压电路(LM2576 - ADJ)的使用方法及其特性。

(2) 学会运用非易失性数字电位器来实现步进式可调稳压电源功能。

2. 设计的技术指标和要求

(1) 输出电压的可调范围 2.0～5.1 V,电压的步进值为 0.1 V。

(2) 电压调整率、电流调整率均优于 1%。

(3) 纹波电压小于 100 mV。

(4) 稳压电源效率优于 70%。

3. 设计实验所用元器件及仪器设备

LM2576 - ADJ ×1

X9511 ×1

LM358 ×1

LM7805 ×1

电阻、电容、电感、二极管若干

按钮开关、万用表、示波器、稳压电源

4. 设计性实验报告要求

(1) 给出调试后满足要求的 R_1、R_2、R_3、R_4 值,分析与理论值差异的原因。

(2) 由实验数据计算电压调整率、电流调整率,以及在 2 V、3.3 V、5 V 输出时所对应的稳压电源效率。

(3) 分析所观察到的 LM2576 - ADJ 的 V_{output}端波形。

二、实验原理

1. LM2576－ADJ 简介

LM2576－ADJ 是一种降压型开关稳压器 LM2576 系列中的可调电压输出版本，它能够在 1.23 V 到 37 V 输出电压范围内提供高达 3 A 的输出电流。具有效率高、使用简单、宽的输入电压范围等特点，图 4－41 电路为其典型应用电路。

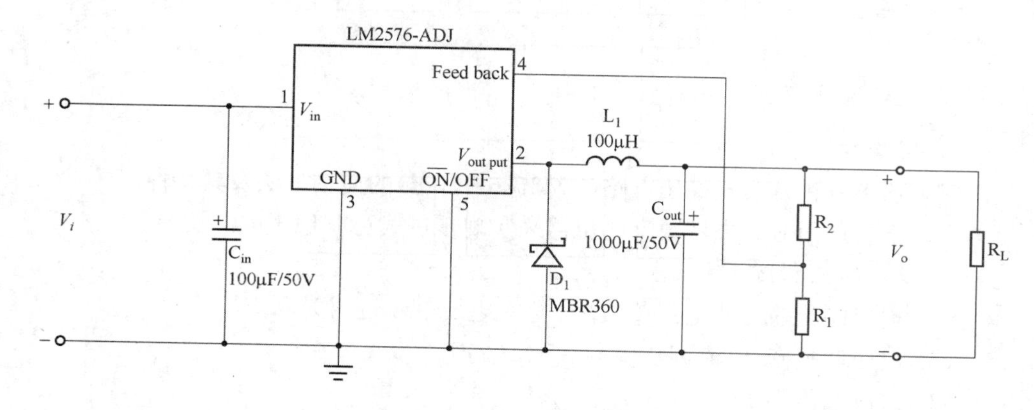

图 4－41　LM2576－ADJ 的典型应用

LM2576－ADJ 的 V_{in} 端到 GND 端为电压输入端(输入电压须大于输出电压 2 V以上)；$\overline{\text{ON}}$/OFF 端为输出开关控制端(接地时为允许输出)；V_{output} 端为输出端(振荡输出)；Feed back 端为反馈输入端。当输出电压 V_o 的电压值经采样电阻 R_1、R_2 分压后经由反馈输入端(Feed back)输入到集成电路内部与内部的一个基准电压 V_{ref}(1.23 V)相比较，得到一个差值，经过误差放大后控制 PWM 振荡输出(V_{output}端)，再经过储能元件 L_1、C_{out} 后在输出端(V_o)得到一稳定的输出电压。改变 R_2、R_1 的比值，就能改变输出电压 V_o。

即：

$$V_o = V_{ref}\left(1+\frac{R_2}{R_1}\right) \tag{4-15}$$

其中：$V_{ref} = 1.23$ V。

2. X9511 简介

X9511 是一个按键控制的数字电位器，X9511 包含一个 32 抽头串联电阻阵列，滑片点位置具有自动或手动保存在一个非易失性 EEPROM 中，在上电后自动恢复，滑片点的位置由两个按键来设置。图 4－42 为其功能框图。

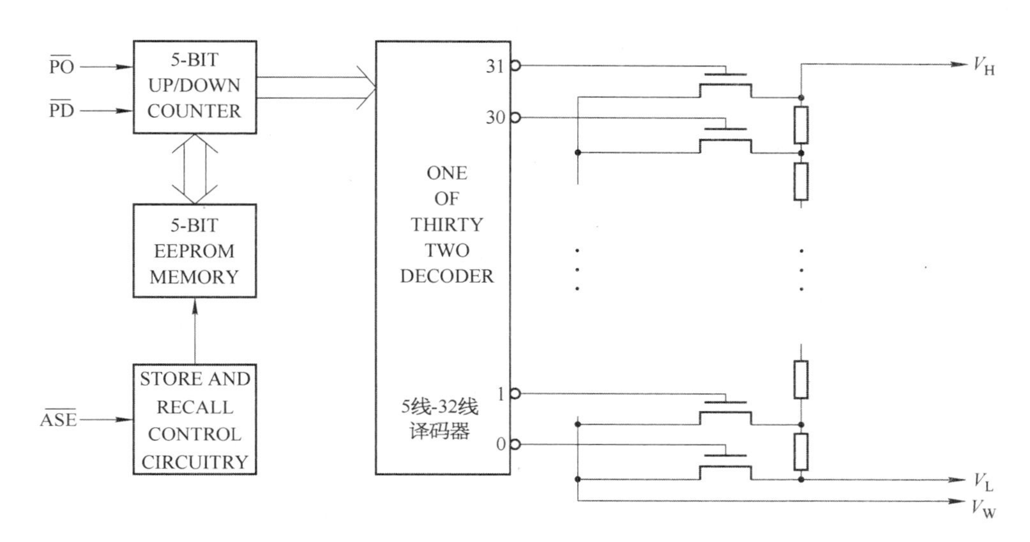

图 4-42　电路功能框图

$\overline{PU}$、$\overline{PD}$端为滑动片的位置增、减控制，为低电平有效；$\overline{ASE}$为滑动片位置自动保存功能的使能端，为低电平有效；V_{CC}、V_{SS}为电源端，为 5 V±10%；V_H、V_L、V_W分别为数字电位器的固定高端、固定低端、滑动片端。图 4-43 为其典型应用(自动保存模式)，其中 V_H、V_L、V_W 的电压范围为−5 V～+5 V。

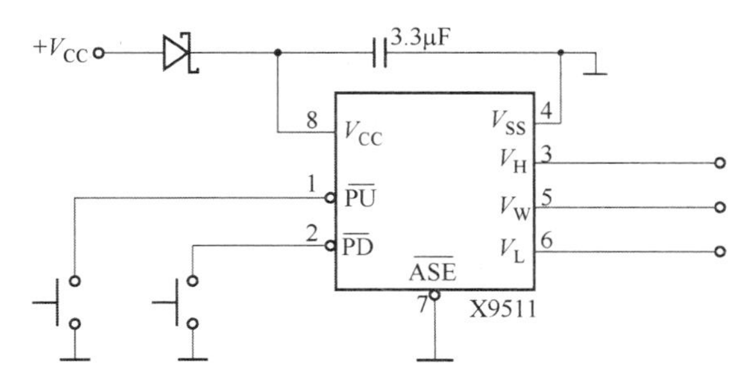

图 4-43　X9511 应用

3. LM2576-ADJ、X9511 等组成的步进式可调直流稳压电源原理简介

原理图如图 4-44 所示。

由原理图可知：

$$V_o' = \frac{R_1}{R_1 + R_2} \cdot V_o \cdot \frac{R_4 + R_W + R_3}{\frac{N}{31} \cdot R_W + R_3} \tag{4-16}$$

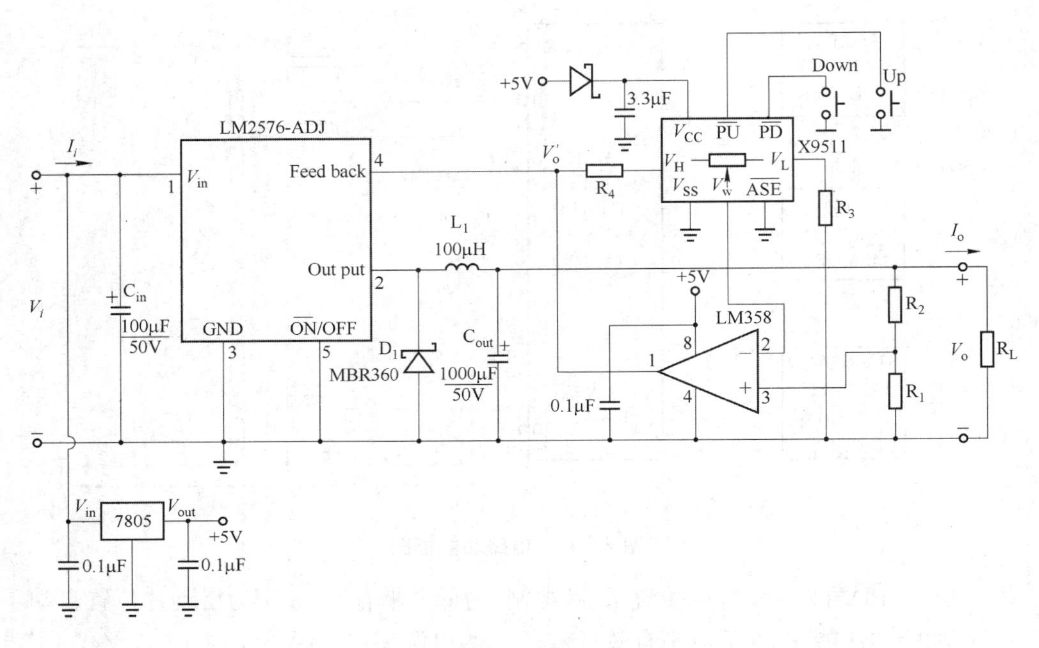

图 4-44 原理图

由于负反馈的作用，V_o'将稳定在内部基准 V_{ref} 的值上，于是便有：

$$V_{ref}=\frac{R_1}{R_1+R_2}\cdot\frac{R_4+R_W+R_3}{\frac{N}{31}\cdot R_W+R_3}\cdot V_o \tag{4-17}$$

即：

$$V_o=\left(1+\frac{R_2}{R_1}\right)\cdot\frac{\frac{N}{31}\cdot R_W+R_3}{R_4+R_W+R_3}\cdot V_{ref} \tag{4-18}$$

式中：R_W 为数字电位器 V_H、V_L 间的电阻值（为一定值）；N 为滑动片的位置值（0～31）。由$\overline{PU}$、$\overline{PD}$端控制；V_{ref} 为 LM2576 - ADJ 的内部基准电压（1.25 V）。

当 $N=0$ 时，

$$V_{o(min)}=\left(1+\frac{R_2}{R_1}\right)\frac{R_3}{R_4+R_W+R_3}\cdot V_{ref} \tag{4-19}$$

当 $N=31$ 时，

$$V_{o(max)}=\left(1+\frac{R_2}{R_1}\right)\frac{R_W+R_3}{R_4+R_W+R_3}\cdot V_{ref} \tag{4-20}$$

当 $\Delta N=1$ 时，

$$\Delta V_o=\left(1+\frac{R_2}{R_1}\right)\frac{\frac{1}{31}R_W}{R_4+R_W+R_3}\cdot V_{ref} \tag{4-21}$$

通过合理选择 R_1、R_2、R_3、R_4、R_W 可设计出符合一定要求的可调稳压电源（步进式）。

三、实验内容

(1) 要求输出电压 $V_{o(min)}=2.0\ V$，$V_{o(max)}=5.1\ V$，输出电压的步进值为 0.1 V，计算相关的参数(R_1、R_2、R_3、R_4)，其中 $R_W=10\ k\Omega$(选用 X9511W)。

R_1、R_2 参数的选择可如下考虑：

因为 $V'_o=V_{ref}=1.25\ V$

所以 $\dfrac{R_1}{R_1+R_2}\times V_{o(max)}<V_{ref}$

又因为$\dfrac{R_1}{R_1+R_2}\cdot V_{o(max)}$不宜过小，否则干扰失调电压将影响较大，所以应该是略小于 V_{ref}。另外，R_1、R_2 的阻值宜适中，过大易受干扰，过小则流过电流过大易发热，对精度不利。R_3、R_4 参数由表达式(4－19)、(4－20)可得。

(2) 连接图 4－44 电路，V_i 接上＋10 V 电源，再接上负载 $R_L=50\ \Omega$，微调 R_3、R_4，使 $V_{o(min)}$、$V_{o(max)}$ 符合要求。

(3) 设置输出电压至 3.3 V，调整负载 R_L 阻值使输出电流 I_o 为 1 A(为保证 R_L 调整时不会为 0(短路)，实际负载为一可变电阻串一固定电阻)，这时调整 V_i 值分别为 9 V、10 V、11 V，测量相应的输出电压 V_o 值，同时用示波器观察 LM2576－ADJ 的 V_{output} 端(2 号脚)的波形，并记录下幅值、脉宽、周期等相关数据。

(4) 设置输出电压至 3.3 V，调整 V_i 值为 10 V，这时调整 R_L 阻值，使输出电流分别为 1.1 A、1 A、0.9 A，测量相应的输出电压 V_o 值，同时用示波器观察 LM2576－ADJ 的 V_{output} 端的波形，并记录下幅值、脉宽、周期等相关数据。

(5) 分别设置输出电压至 2 V、3.3 V、5 V，调整 V_i 值为 10 V，调整 R_L 阻值，

使输出电流为 1 A，测量并记录输入电源的电流 I_i 值。

(6) 关闭电源（使 $V_i = 0$ V）后，重新打开电源（使 $V_i = 10$ V），测量输出电压是否为关闭前的值。

四、实验预习要求

(1) 复习运算放大器的原理及有关内容，了解 LM358 的性能指标、管脚的分布。

(2) 复习模拟电路的稳压电源相关内容（包括 7805）。

(3) 查阅 LM2576 和 X9511 的数据手册。

(4) 计算图 4-44 中的 R_1、R_2、R_3、R_4 值以满足实验内容中的要求。

(5) 拟定实验步骤，设计数据记录表格备用。

实验九　直流电机的驱动

一、实验任务

1. 实验目的

(1) 熟悉直流电机的几种工作模式。

(2) 掌握几种直流电机驱动器的实现方法。

(3) 了解一些工程应用上的若干注意事项。

(4) 测试电机顺时针转、逆时针转、自由停止、制动停止的特性。

(5) 调试低压端驱动的 N 沟道 MOSFET 电机驱动电路。

(6) 调试自举法高压浮动驱动的 N 沟道 MOSFET 电机驱动电路。

(7) 调试 N 沟道 MOSFET 构成的 H 桥电机驱动电路。

2. 设计的技术指标和要求

(1) 驱动+12 V 直流电机(10 W)。

(2) 调制频率不小于 20 kHz。

(3) 实现顺时针、逆时针转速可调驱动。

3. 设计实验所用元器件及仪器设备

12 V 直流电机　×1

IR2302　×2

IRF540N　×4

NE555　×1

LM7805　×1

CD4011　×2

电位器、电阻、电容、二极管按钮开关若干

万用表、示波器、频率计、测速计

4. 设计性实验报告要求

(1) 分析相关节点所测得的波形。

(2) 分析该驱动电路的优缺点。

(3) 讨论如何改进的方法。

二、实验原理

(1) 直流电机的 4 种基本工作模式如下：

① 当直流电机加上正向电压时，该电机将作顺时针旋转(假设定义顺时针旋转时为正向电压)。

② 当直流电机加上反向电压时，该电机将作逆时针旋转。

③ 当直流电机两个电极悬空，则该电机将作自由停止(假设原先处于旋转运动状态)——慢速停止。

④ 当直流电机两个电极短接，则该电机将作制动停止(假设原先处于旋转运动状态)——快速停止。

其原理图如图 4-45 所示。

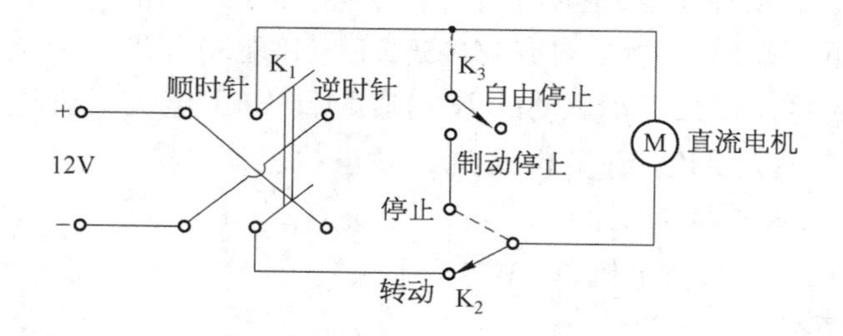

图 4-45 原理图

(2) 在电机顺/逆时针旋转时，所加电压越高(在额定范围内)，电机的转速就越高，为提高电路的效率，一般都使驱动管工作在非线性状态(饱和、截止)，用 PWM(脉宽调制)信号来驱动。由于直流电机存在一定的电感(电惯性)、质量(机械惯性)，所以在一定调制频率下，电机旋转是稳定的，调整频率不能过低，过低的调制频率会使电机产生振动。理论上讲，调制频率越高越好，但受限于驱动电路的开关速度，就目前技术而言，调制频率上限至超音频(20 kHz)是不成问题的。其电路图见图 4-46。

(3) 当 N 沟道 MOSFET 在高压侧驱动直流电机时，其栅极电压处于浮动状态，即 N 沟道 MOSFET 导通时，必须保证高于漏极 10 V 左右电压，如图 4-47 所示。

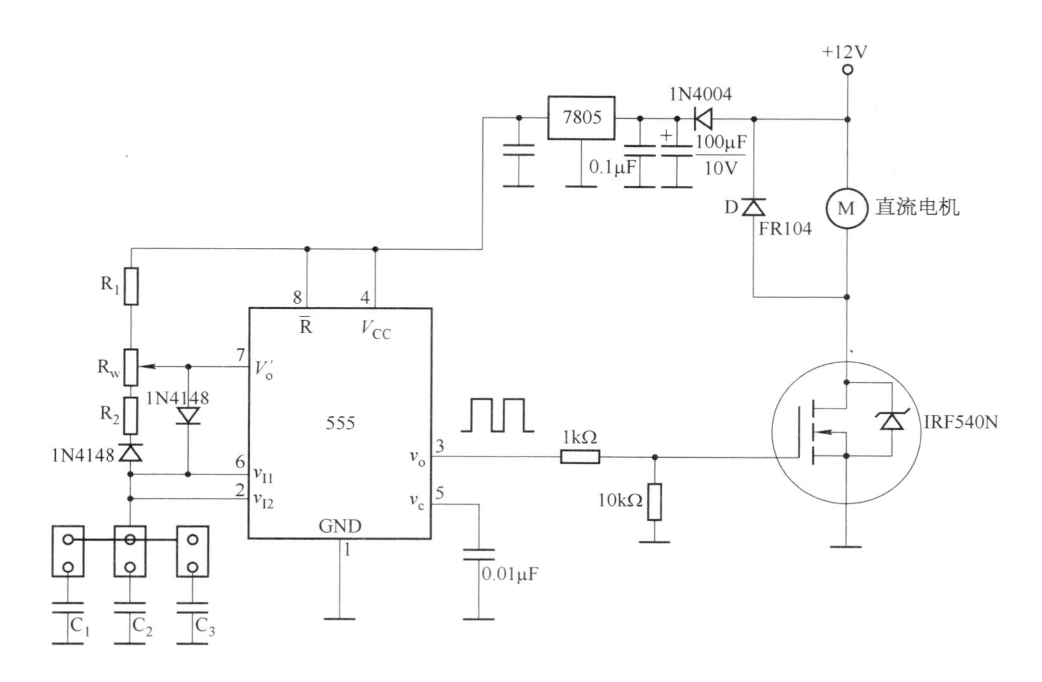

图 4-46　电路图

要实现该功能可有几种方法：浮动隔离电源法、脉冲变压器法、充电泵法、自举法等。

图 4-48 所示电路为采用驱动集成电路(IR2302)实现的自举法驱动电路。

它包含两个驱动通道(高压侧、低压侧)，在此用的是高压侧通道，如图 4-49 所示。

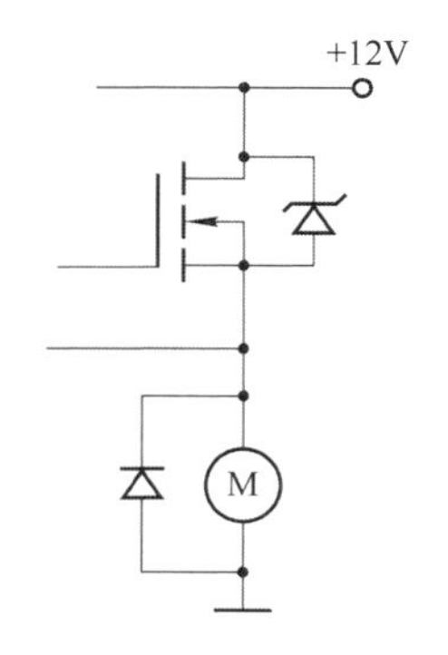

图 4-47　场效应管电路

当 T 截止时，+12 V 电源经由二极管 D、直流电机 M 对电容 C 充电；当 T 导通时，V_S 电位上升至接近 12 V，由于电容 C 两端电压不会突变，于是 V_B 电位被自举，V_B 电位保持时间由电容 C 等因素决定。所以自举法对输入信号的占空比和开启时间有一定的限制，但它电路简单，故被广泛采用。

(4) 要实现直流电机的 4 种工作模式(顺时针旋转、逆时针旋转、自由停止、制动停止)，常采用 H 桥电机控制电路。图 4-50 所示为 H 桥电机的工作原理。

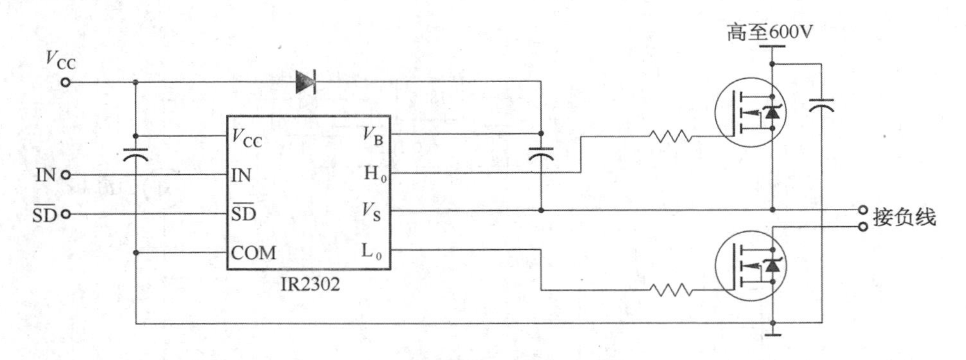

图 4-48 IR2302 实现自举法驱动电路

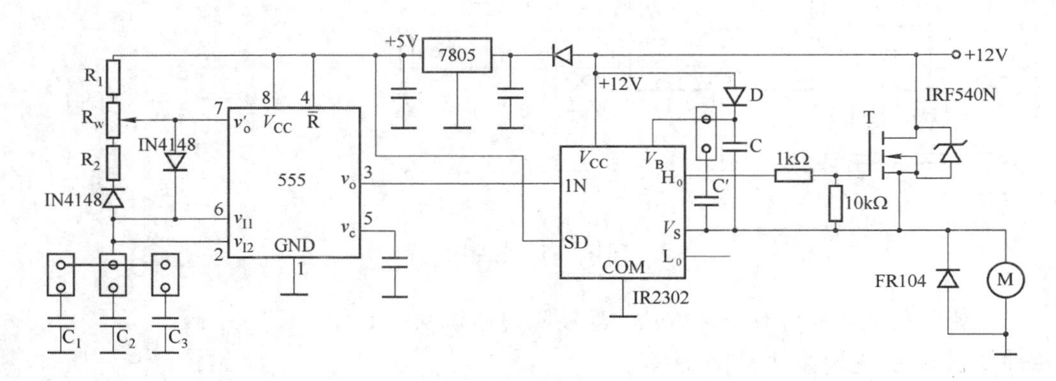

图 4-49 驱动原理图

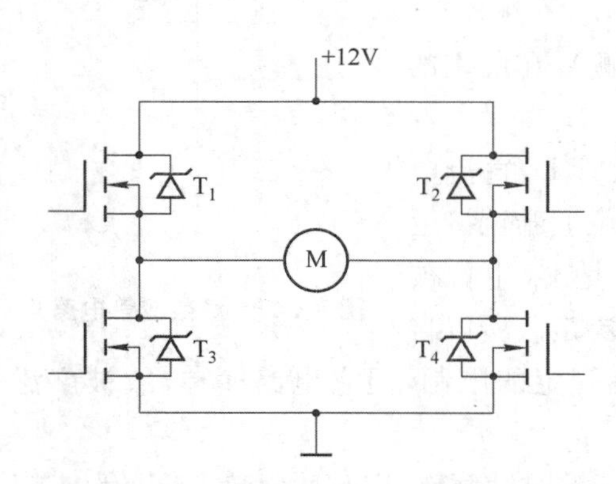

图 4-50 H 桥电机工作原理图

当 T_1、T_4 导通，T_2、T_3 截止时，电机顺时针旋转。

当 T_1、T_4 截止，T_2、T_3 导通时，电机逆时针旋转。

当 T_1、T_2、T_3、T_4 都截止时，电机自由停止。

当 T_1、T_2 导通，T_3、T_4 截止，或者 T_1、T_2 截止，T_3、T_4 导通，电机制动停止（考虑到自举法的限制，一般采用 T_1、T_2 截止，T_3、T_4 导通方式来实现制动停止）。

图 4－51 所示电路为两片 IR2101 和 4 个 N 沟道 MOSFET 构成的 H 桥直流电机驱动电路，高压侧采用自举法。

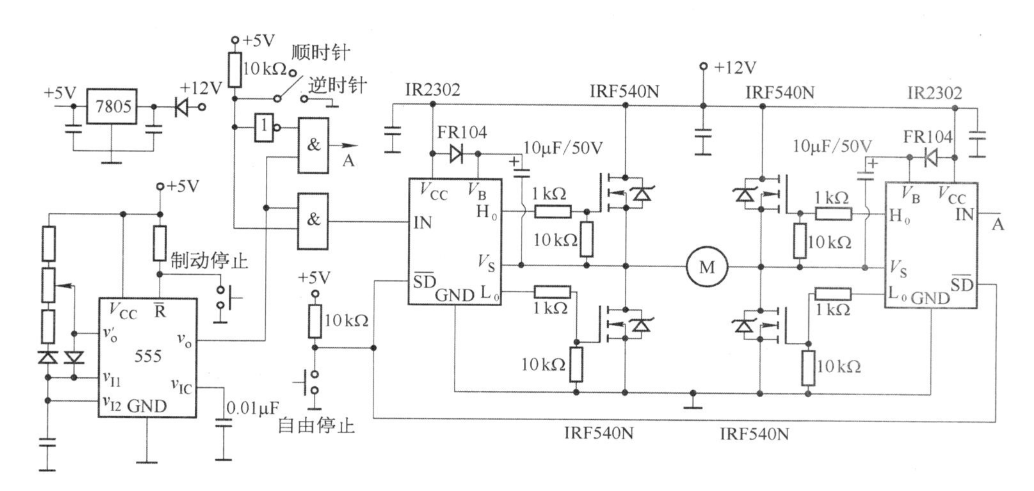

图 4－51　高压侧采用自举法的 H 桥直流电机驱动电路

三、实验内容

(1) 观察了解直流电机的 4 种基本工作模式。

(2) 观察不同频率、不同占空比对直流电机的影响，选择不同的电容(C_1、C_2、C_3)改变不同的调制频率，观察直流电机的运行情况，改变电位器 R_W(改变占空比)，观察直流电机的运行情况。

(3) 观察高压侧驱动电路、改变占空比、自举电容、观察 V_B、V_S 电压波形。

(4) 观察 H 桥电机驱动电路，观察电机的顺时针旋转、逆时针旋转、自由停止、制动停止这 4 种工作模式。

四、实验预习要求

(1) 复习 555 时基集成电路、MOSFET 管的工作原理，查阅 IR2301 集成电路的数据手册。

(2) 拟定实验步骤，记录表格。

实验十 四相六线制步进电机的驱动

一、实验任务

1. 实验目的

(1) 熟悉四相六线制步进电机全步模式的时序要求。

(2) 学会运用理论课所学的设计方法进行逻辑设计。

(3) 了解步进电机的运行特点。

2. 设计的技术指标和要求

驱动四相六线步进电机以全步模式运行。

3. 设计实验所用元器件及仪器设备

NE555	×1
CD4027	×1
CD4030	×1
BC142	×4
FR104	×4
四相交线制步进电机(+12 V)	×1

电阻、电容、电位器、开关若干

万用表、稳压电源(+12 V, +5 V)、测速计、示波器、温度计、示波器(四踪)

4. 设计性实验报告要求

(1) 分析驱动电路相关节点的驱动信号。

(2) 分析步进电机的温升情况。

(3) 分析步进电机的失“步”现象。

二、实验原理

1. 四相六线制步进电机的工作原理

图 4 - 52 所示是四相六线制步进电机原理图，它由铁心、线圈、齿轮等组成。

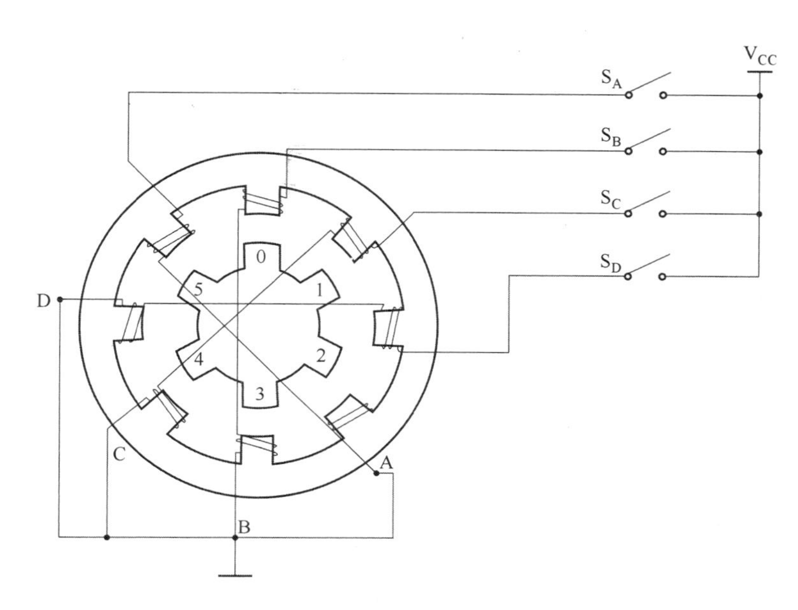

图 4-52　原理图

当前位置为线圈 B 通电，若要改为线圈 C 通电，转子将逆时针转动 15°。当线圈通电次序是 A→B→C→D→A 时，转子将按每步 15°逆时针旋转；当线圈通电次序是 D→C→B→A→D 时，转子将按每步 15°顺时针旋转。另外，当线圈通电次序是 AB→BC→CD→DA→AB 时，转子也将按每步 15°逆时针旋转；反之，转子顺时针旋转。当线圈通电次序是 A→AB→B→BC→C→CD→D→DA→A 时，转子将按每步 7.5°逆时针旋转（半步模式），反之，转子顺时针旋转。

2. 四相六线制步进电机全步运行模式驱动

该模式下的一种驱动方式是：

逆时针：AB→BC→CD→DA→AB

顺时针：DA→CD→BC→AB→DA

由此可见，A 和 C、B 和 D 总是相反的，即线圈 A 通电时，线圈 C 断电；线圈 A 断电时，线圈 C 通电（线圈 B 和 D 的情况与线圈 A 和 C 类似）。所以，可以令：

$$A = Q_1,\ B = Q_2,\ C = \overline{Q}_1,\ D = \overline{Q}_2$$

则有图 4-53 所示的状态图。

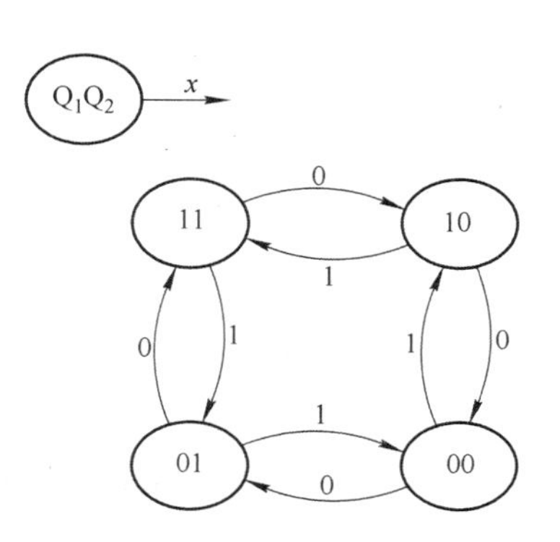

图 4-53　状态图

$x=0$,顺时针旋转;$x=1$,逆时针旋转;线圈通电为1,断电为0。

由图4-53所示的状态图可设计出相应的时序逻辑电路。图4-54给出一参考电路,它是由两个JK触发器等组成,其中555等组成了时钟电路,以控制步进电机的转速。

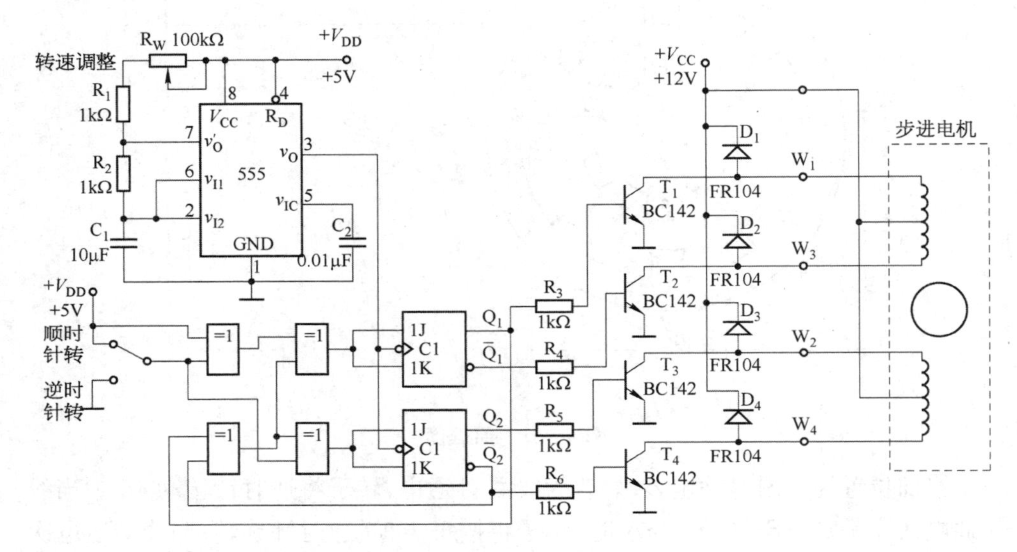

图4-54 逻辑电路

三、实验内容

(1) 按设计需要完成所有设计步骤。

(2) 连接所设计电路。

(3) 待电路正常运行后,调节555的输出频率,观察步进电机温升情况,测量各相的驱动信号。

(4) 观察步进电机失“步”现象。

四、实验预习要求

(1) 复习时序逻辑电路的设计理论。

(2) 复习555定时器的有关内容。

(3) 查阅有关步机电机的理论知识。

(4) 拟定实验步骤和测量方法。

附录

一、500 型万用表原理及使用

万用表也称三用表，是一种多用途便携式工具类仪表，可以测量多种量程范围的交、直流电压、直流电流、电阻等电工量。但由于制造精度较低，不能作为精确测量仪表，只能作一般检查性测量。

万用表是一种组合式仪表，根据组合方式不同有多种类型，这里仅介绍常用的500 型万用表的原理结构及使用方法，其面板图如图 A－1 所示。

（一）直流电流测量

500 型万用表只能测量 500 mA 以下的直流电流，而不能测量交流电流。测量电路原理如图 A－2 所示，它是用一只高灵敏度磁电式直流微安表，配合一组分流电阻 R_F 而成，通过波段开关 K_1 和 K_2 的选择，可以获得五档不同的量程。

使用方法： 将开关 K_1 拨到"A"档，K_2 拨到需要的量程上，将表的输入端"＋"和"＊"通过表笔串联接入被测电路即可。指针指示的读数由刻度尺"≂"标明，如图 A－1 所示。

（二）直流电压测量

直流电压测量电路如图 A－3 所示，它是以 50 μA 档直流电流测量电路作为表头，内阻 3 000 Ω，附加一系列倍压电阻而成，通过波段开关 K_2 选中电压测量档后，再用开关 K_1 可选择五档不同的量程。图中还包含了量程为 2 500 V 的直流电压测量电路，它是用一只 10 MΩ 电阻直接和表头串联而成。

使用方法： 将开关 K_2 拨到"$\underset{\simeq}{\text{V}}$"档，开关 K_1 拨到"$\underline{\text{V}}$"所指适当量程上，输入端"＋"和"＊"通过表笔并联在被测电路两端即可。指针指示的读数仍由刻度尺"≂"标明。

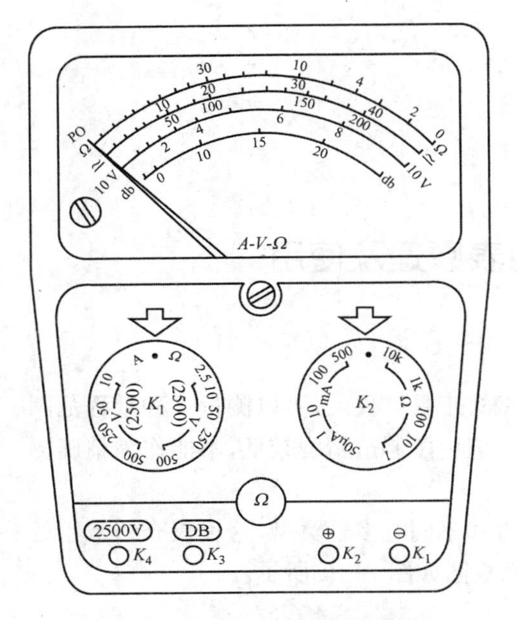

图 A-1　500 型万用表面板图

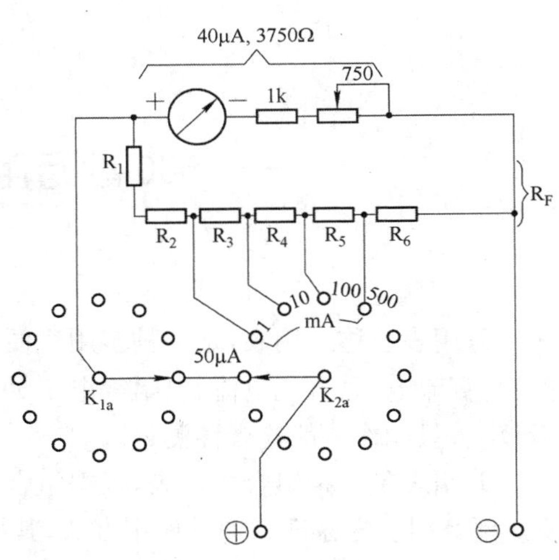

图 A-2　电流测量电路

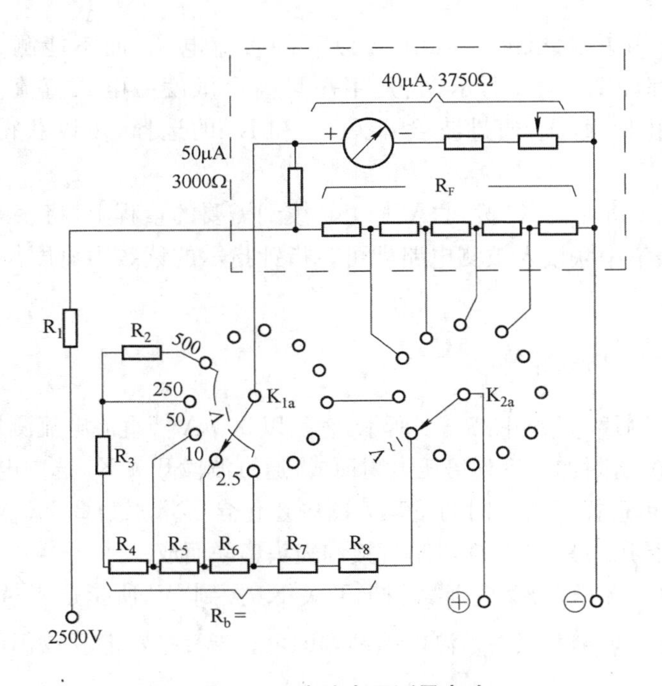

图 A-3　直流电压测量电路

（三）交流电压测量

测量电路原理如图 A－4 所示。为了用直流表头测量交流电压，加接了两只二极管 D_1 和 D_2，正半周 D_1 导通，电流经 D_1 流过表头，负半周 D_2 导通将表头短路，构成半波整流，输入交流电压有效值的 0.45 倍加在分压器及表头(50 μA，3 000 Ω)上，通过分压器的转换在刻度尺上读出有效值。因此若误用交流电压档去测直流电压，则读数将比被测量大 2.2 倍。而用直流电压档去测交流电压，指针将不偏转而在零位震动，时间久了将损坏指针或降低表的精度，二极管 D_2 能防止负半周二极管 D_1 的反向漏电流造成的测量误差。分压器可通过波段开关 K_1 获得四档量程。图中还画出了测量交流 2 500 V 的输入电路。

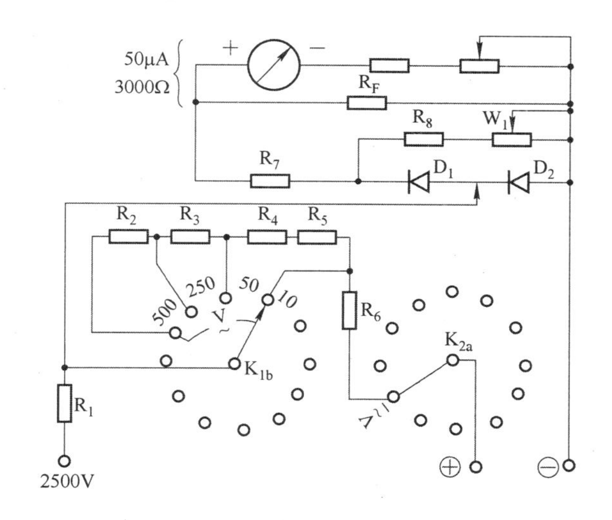

图 A－4　交流电压测量电路

使用方法：降开关 K_2 拨到“V≃”档，开关 K_1 拨到“V~”所指适当量程，输入端“＋”和“＊”通过表笔并联在被测电路两端即可。指针指示的读数对 10 V 量程可用“10 V”刻度尺，其余量程仍用“≂”刻度尺。

（四）电阻的测量

测量电路如图 A－5 所示。其原理示意图如图 A－6 所示。为了测量电阻，表内装有附属电源 E(1.5 V 干电池及 9 V 电池各一只)，由图 A－6 可知，流过被测电阻的电流为：

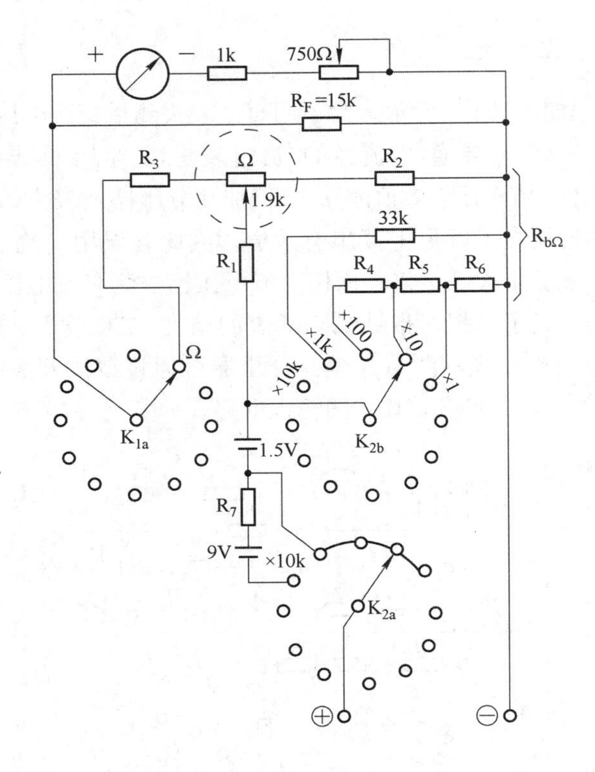

图 A-5 电阻测量电路

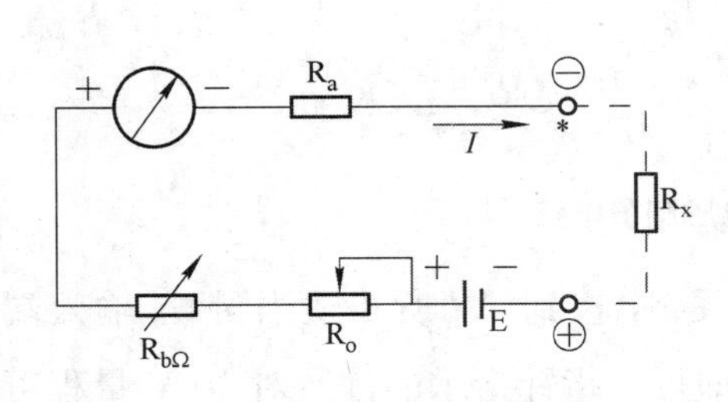

图 A-6 电阻测量原理

$$I = \frac{E}{R_a + R_{b\Omega} + R_0 + R_x} \infty \frac{1}{R_x}$$

式中：R_x 是被测电阻，R_a 是表头内阻，$R_{b\Omega}$ 是倍加器（变换量程），R_0 是调零用可变电阻。

当输入端开路（被测电阻 $R_x = \infty$）时，$I = 0$，表头指针指向机械零点，“Ω”刻度尺标明“∞”。若不指“∞”，可用机械调零进行调整。

当输入端短接（被测电阻 $R_x = 0$）时，$I = I_{max}$，指针应偏转最大，指向“Ω”刻度尺的零点。若不指零，可用调零电阻 R_0（旋钮Ⓠ）调整。改变 $R_{b\Omega}$，更换量程（倍率）时，I_{max} 也随之改变，因此要重新调节零点。若调零电阻 R_0 已调到极限位置尚不能使指针指零，则应更换干电池。

当被测电阻在$0<R_x<\infty$范围时，可通过改变电阻$R_{b\Omega}$获得五种不同的测量范围：×1、×10、×100、×1 k及×10 k，其中×10 k档是使用9 V+1.5 V=10.5 V两只电池供电，测量时应当心不要损坏了被测元件(如晶体管等)。读数应按指示值乘以上述倍率，例如用×10档测得电阻读数为10，则电阻值应为10×10=100 Ω。

由原理图可知，电阻测量电路实际上是一只电流表跨接在被测电路上，因此被测电路本身不应在带电情况下测量，否则就像用电流表测电压一样会损坏万用表！

使用方法及注意事项

(1) 测量前先将K_1拨到"Ω"档，K_2选择合适的倍率，观察指针是否指在机械零位(电阻∞)，否则用机械调零进行调整。

(2) 将输入端"+"和"＊"通过表笔短接，观察指针是否偏转到最大(电阻为0)，否则可用调零电阻旋钮Ω调整。若指针不动则可能未装电池或表内熔丝已烧断，应予修理。若不能调到零点，应更换电池。

(3) 在被测电路无电且无其他旁通路径情况下，将表笔跨接在被测电路两端，即可读数，将读数乘以倍率即为电阻值。

(4) 更换倍率时应重新调节"Ω"零点。仪表刻度在$\frac{1}{2}$左右最准确。

(5) 使用×10 k档时，表内10.5 V电源不可用来测量各种晶体管的极间电阻，以免烧坏被测元件。

除了在上面各种测量电路中提到的一些注意事项外，使用500型万用表还应注意下列各点：

(1) 仪表在使用前首先应选好两个波段开关的位置，在测试时，不能旋转开关旋钮。

(2) 仪表使用完毕后或携带时，应将两只开关均置"·"位置，使仪表内部电路开路，表头短接旁路，防止仪表因震动而损坏，或因忘了转换量程而损坏仪表。

(3) 用万用表检查电容器的漏电电阻时，应先将电容器短接放电，以免电容器上残留的高电压损坏仪表。

二、YB2172 型交流毫伏表使用简介

YB2172 型交流毫伏表具有测量精度高，频率特性好、操作方便等优点。由于采用特殊的电路工艺，本机换量程不需要重新调零。其表测量频率为 10 Hz～2 MHz，测量电压为 1 mV～300 V。

（一）YB2172 型交流毫伏表面板

YB2172 型交流毫伏表面板如图 A-7 所示。主要包括读数表面、电源开关、电源指示灯、输入端、输出端和量程选择开关及刻度。

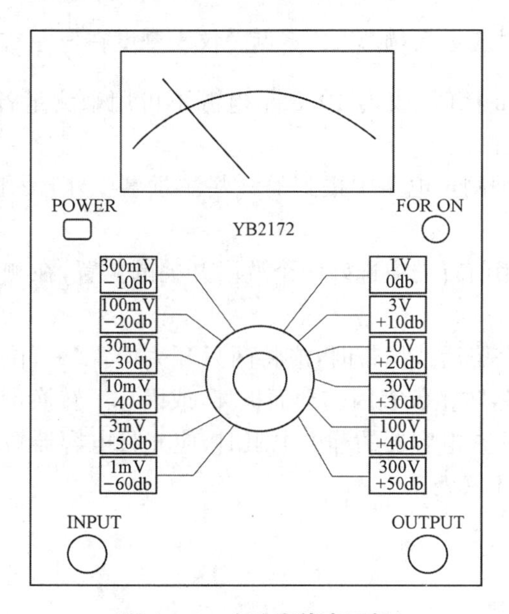

图 A-7　交流毫伏表面板

(二)使用方法

1. 电压测量

(1) 关闭电源开关。

(2) 检查指针是否在零点,如果有偏差,调节表头的机械调零装置,使其指针分别指向零点。

(3) 接通交流电源。

(4) 将量程开关设置在 100 V 档,然后打开电源开关。

(5) 将被测信号接入本机的输入端子。

(6) 拨动量程选择开关,使表头指针所指的位置在大于或等于满度的 1/3 处,以便能方便地读数。

2. DB 量程的使用

(1) 1 V 作 0 dB 的 dB 刻度值。

(2) 0.775 V 作 0 dBm(1 mw600)的 dBm 刻度值。

1) dB

"Bel"是一个表示两个功率比值的对数单位。

$$1\ \mathrm{dB}=1/10\ \mathrm{Bel}$$

dB 被定义如下:

$$\mathrm{dB}=10\log P_2/P_1$$

如功率 P_1、P_2 的阻抗是相等的,则其比值也可以表示为:

$$\mathrm{dB}=20\log E_2/E_1=20\log I_2/I_1$$

dB 原是作为功率的比值,然而,其他值的对数(例如电压的比值或电流的比值),可以称为"dB"。

例如,当一个输入电压幅度为 30 mV,其输出电压为 3 V 时,其放大倍数是 3 V/30 mV=100 倍,也可以 dB 表示如下:

$$放大倍数=20\log 3\ \mathrm{V}/30\ \mathrm{mV}=6\ \mathrm{dB}$$

2) dBm

dBm 是 dB(mw)的缩写,它表示功率与 1 mw 的比值,通常"dBm"暗指一个 600 的阻抗所产生的功率,因此"dBm"可被认为:

1 dBm=1 mw　或 0.775 V 或 1.291 mA

3）功率或电压的电平由表面读出的刻度值与量程开关所在的位置相加而定。

例：	刻度值		量程		电平
	(−1 dB)	+	(+20 dB)	=	+19 dB
	(+2 dB)	+	(+10 dB)	=	+12 dB

4）表面所示的 dB 值的 dBm 值范围如下：

量程设置	dB	dBm
+50 dB/+40 dB	+20～+41	+20～43
+40 dB/+30 dB	+10～+31	+10～+33
+30 dB/+20 dB	0～+21	0～+23
+10 dB/+10 dB	−10～+11	−10～+13
+10 dB/0	−20～+1	−20～+3
0/−10 dB	−30～−9	−30～−7
−10 dB/−20 dB	−40～−19	−40～−17
−20 dB/−30 dB	−50～−29	−50～−27
−30 dB/−40 dB	−60～−39	−60～−37
−40 dB/−50 dB	−70～−49	−70～−47
−50 dB/−60 dB	−80～−59	−80～−57
−60 dB/−70 dB	−90～−69	−90～−67

（三）注意事项

1. 把仪器接入 AC 电压电源之前，应检查 AC 电源是否与仪器所需的电源电压相适应。

2. 为了抑制噪声，被测信号源与本机间的连接线应用同轴电缆线。

3. 本机表头采用比正常满刻度更长的刻度。

常　规	本　机
0～1.0	0～1.12
0～3.1	0～3.5
−20～0 dB	−20～+1 dB
−20～+2 dBm	−20～+3.2 dBm

红色标记设置在表面最外层刻度的“1.0”处。

三、YB1719 型稳压电源使用简介

(一) YB1719 型稳压电源面板

YB1719 型稳压电源为双路直流稳压电源，其前面板如图 A-8 所示。主要包括电压电流显示切换开关、电压电流显示表面、电压电流调节旋钮、跟踪按钮、主路输出端、跟踪输出端和固定 5 V 输出端。

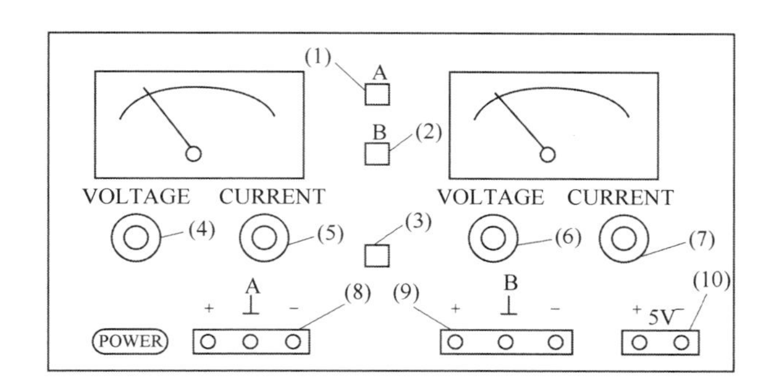

图 A-8 稳压电源

(二) 使用方法

(1) 按键开关①和②是表示显示选择开关，按下此开关表头显示电流值，反之则显示电压值。正常使用时应先放开此开关。

(2) 按键开关③是跟踪/独立选择开关，按下此开关后，将 A 组输出负端与 B 输出正端短接，则只要调节 A 组电压，B 组就会输出与 A 组同样大小的电压。反之，A、B 两组互相独立的电压。

(3) 旋钮④和⑥是电压输出调节旋钮，沿顺时针方向旋转，输出电压逐渐增大，反之则输出电压逐渐减小。

(4) 旋钮⑤和⑦是电流调节旋钮，调节方法同上。值得注意的是，当使用电压

输出时，该电流旋钮不能调节过小，否则会因不能满足负载电流的要求而使电源处于过载保护状态，此时电压将会跌到零。

(5) ⑧和⑨是两组 0～30 V 连续可调的电压输出，每组有三个接线柱，中间的一个接线柱有接地标记，这是仪器的外壳接地，不能作为电路的参考点使用。

(6) ⑩是一组固定的 5 V 电压输出。

(三) 注意事项

使用稳压电源应切记各组输出电压均不能短路。

四、DG1022型双通道函数/任意波形发生器使用简介

（一）初步了解DG1022面板

本章对于DG1022面板的操作及功能作简单的描述和介绍。面板如图A-9所示。主要包括各种功能按键、旋钮及菜单软键，用户可以进入不同的功能菜单或直接获得特定的功能应用。

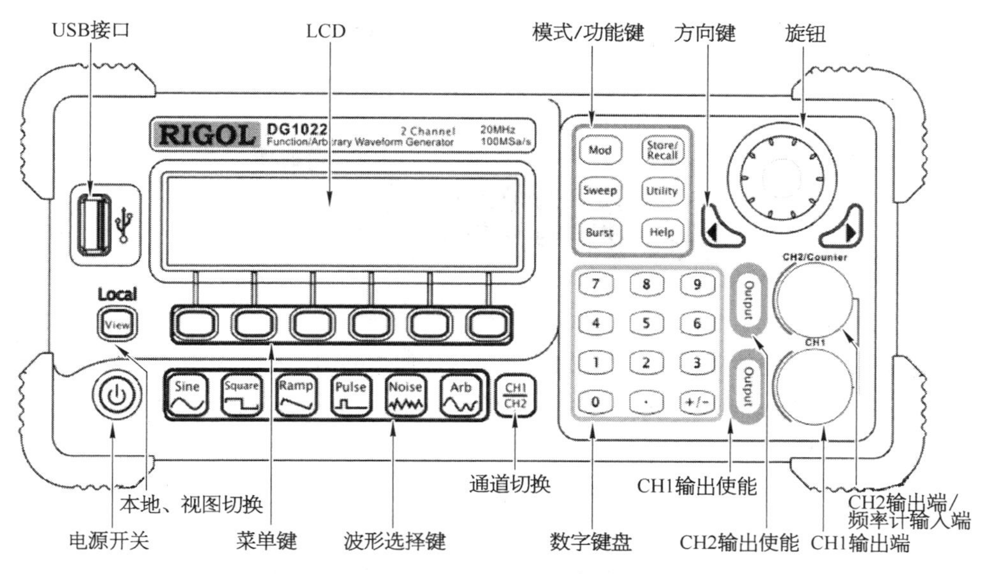

图A-9 DG1022型双通道函数/任意波形发生器

（二）初步了解DG1022的用户界面

DG1022双通道函数/任意波形发生器提供了3种界面显示模式：单通道常规模式、单通道图形模式及双通道常规模式（见图A-10、图A-11、图A-12）。这3种显示模式可通过前面板左侧的“View”按键切换。用户可通过CH1/CH2来切

换活动通道，以便于设定每通道的参数及观察、比较波形。

图 A-10　单通道常规显示模式

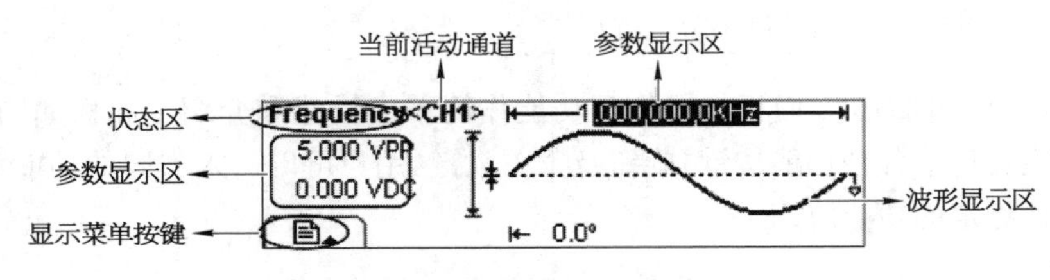

图 A-11　单通道图形显示模式

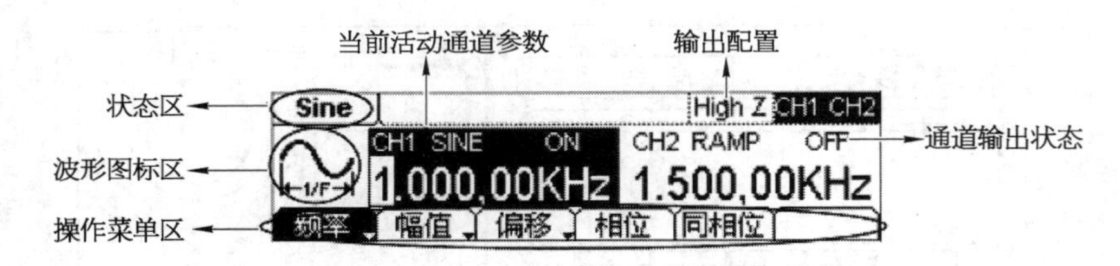

图 A-12　双通道常规显示模式

本书对按键的标识用加边框的字符表示，如 Sine 代表前面板上一个标注着“Sine”字符的功能键，菜单软键的标识用带阴影的字符表示，如频率表示 Sine 菜单中的“频率”选项。

（三）初步了解波形设置

如图 A-13 所示，在操作面板左侧下方有一系列带有波形显示的按键，它们分别是：正弦波、方波、锯齿波、脉冲波、噪声波、任意波。此外，还有两个常用按键：通道选择和视图切换键。本附录针对正弦波、方波波形选择的说明均在常规显示模式下进行。

(1) 使用 Sine 按键，波形图标变为正弦信号，并在状态区左侧出现“Sine”字样。DG1022 可输出频率从 1 μHz 到 20 MHz 的正弦波形。通过设置频率/周期、幅值/高电平、偏移/低电平、相位，可以得到不同参数值的正弦波。

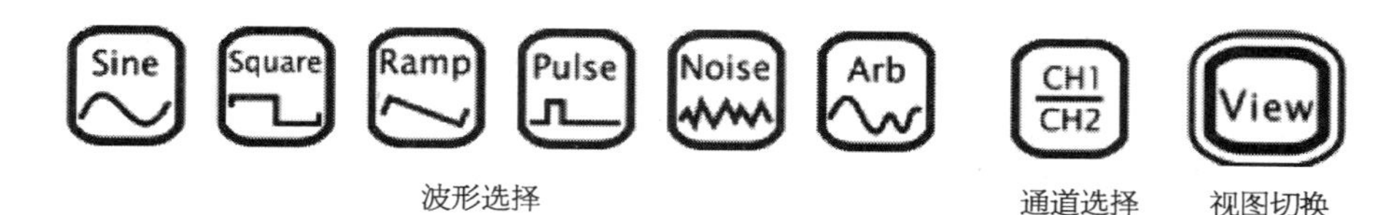

图 A－13　按键选择

图 A－14 所示正弦波使用系统默认参数：频率为 1 kHz，幅值为 5.0 V_{PP}，偏移量为 0 V_{DC}，初始相位为 0°。

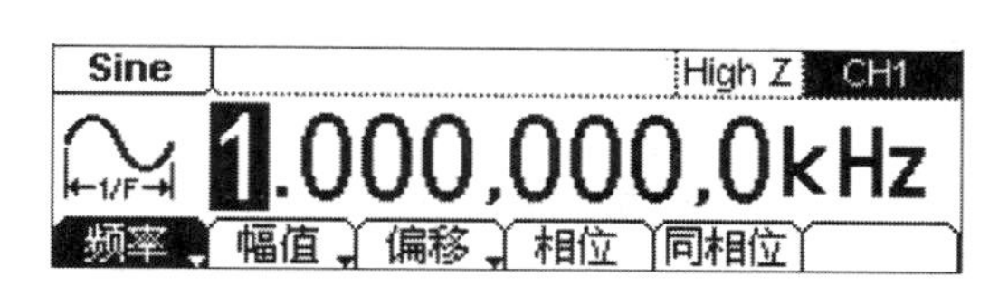

图 A－14　正弦波常规显示界面

（2）使用 Square 按键，波形图标变为方波信号，并在状态区左侧出现“Square”字样。DG10×2 可输出频率从 1 μHz 到 5MHz 并具有可变占空比的方波。通过设置频率/周期、幅值/高电平、偏移/低电平、占空比、相位，可以得到不同参数值的方波。

图 A－15 所示方波使用系统默认参数：频率为 1 kHz，幅值为 5.0 V_{PP}，偏移量为 0 V_{DC}，占空比为 50%，初始相位为 0°。信号。

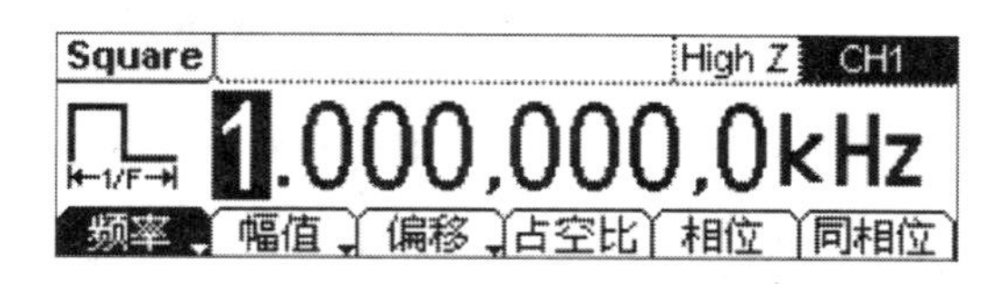

图 A－15　方波常规显示界面

（四）初步了解输出设置

如图 A－16 所示，在面板右侧有两个铵键，用于通道输出、频率计输入的控制。

（1）使用 Output 按键，启用或禁用面板的输出连接器输出信号。如图 A－17 所示，已按下 Output 键的通道显示“ON”且 Output 点亮。

（2）在频率计模式下，CH2 对应的 Output 连接器作为频率计的信号输入端，CH2 自动关闭，禁用输出。

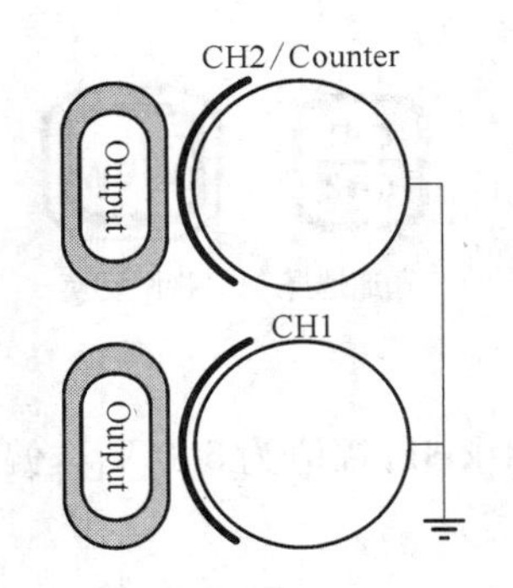

图 A-16 通道输出、频率计输入

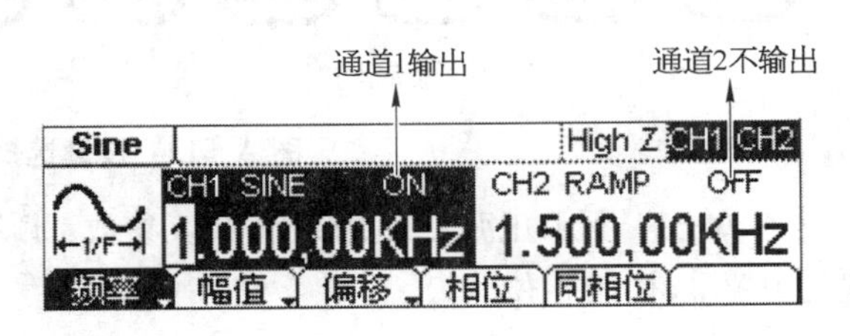

图 A-17 通道输出控制

(五) 初步了解调制/扫描/脉冲串设置

如图 A-18 所示,在面板右侧上方有三个按键,分别用于调制、扫描及脉冲串的设置。在该信号发生器中,这三个功能只适用于通道 1。

(1) 使用 Mod 按键,可输出经过调制的波形。并可以通过改变类型、内调制/外调制、深度、频率、调制波等参数,来改变输出波形,如图 A-19 所示。

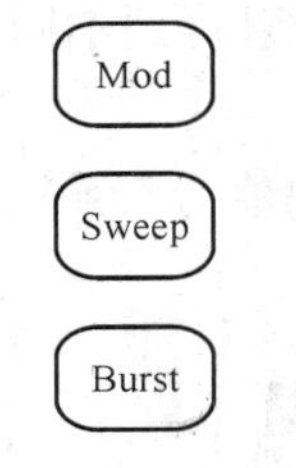

图 A-18 调制/扫描/脉冲串按键

图 A-19 调制波形常规显示界面

DG1022 可使用 AM、FM、FSK 或 PM 调制波形。可调制正弦波、方波、锯齿波或任意波形(不能调制脉冲、噪声和 DC)。

(2) 使用 Sweep 按键,对正弦波、方波、锯齿波或任意波形产生扫描(不允许扫描脉冲、噪声和 DC)。在扫描模式中,DG1022 在指定的扫描时间内从开始频率到终止频率而变化输出,如图 A-20 所示。

图 A-20 扫描波形常规显示界面

(3) 使用 Burst 按键,可以产生正弦波、方波、锯齿波、脉冲波或任意波形的脉冲串波形输出,噪声只能用于门控脉冲串(见图 A-21)。

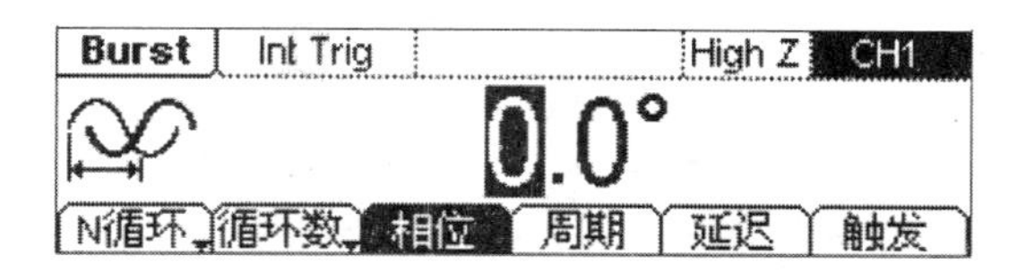

图 A-21　脉冲串波形常规显示界面

(六) 初步了解数字输入的使用

如图 A-22 所示,在前面板上有两组按键,分别是左右方向键和旋钮、数字键盘。下面的说明将逐渐引导用户熟悉数字输入功能的使用。

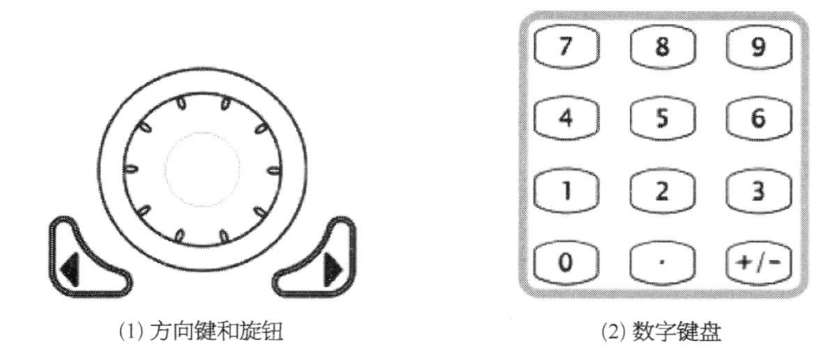

图 A-22　面板数字输入

(1) 使用左右方向键,用于数值不同数位的切换;使用旋钮,用于改变波形参数的某一数位数值的大小,旋钮的输入范围是 0~9,旋钮顺时针旋一格,数值增 1。

(2) 使用数字键盘,用于波形参数值的设置,直接改变参数值的大小。

(七) 基本波形设置

1. 设置正弦波

使用 Sine 按键,常规显示模式下,在屏幕下方显示正弦波的操作菜单,左上角显示当前波形名称。通过使用正弦波的操作菜单,对正弦波的输出波形参数进行设置。

设置正弦波的参数主要包括:频率/周期,幅值/高电平,偏移/低电平,相位。通过改变这些参数,得到不同的正弦波。如图 A-23 所示,在操作菜单中,选中频率，光标位于参数显示区的频率参数位置，用户可在此位置通过数字键盘、方向键或旋钮对正弦波的频率值进行修改。

图 A－23　正弦波参数值设置显示界面

表 A－1　Sine 波形的菜单说明

功　能　菜　单	说　　明
频率/周期	设置波形频率或周期
幅值/高电平	设置波形幅值或高电平
偏移/低电平	设置波形偏移量或低电平
相位	设置正弦波的起始相位

(1) 设置输出频率/周期：

1) 按 Sine→频率/周期→频率，设置频率参数值。屏幕中显示的频率为上电时的默认值，或者是预先选定的频率。在更改参数时，如果当前频率值对于新波形是有效的，则继续使用当前值。若要设置波形周期，则再次按频率/周期软键，以切换到周期软键(当前选项为反色显示)。

2) 输入所需的频率值。使用数字键盘，直接输入所选参数值，然后选择频率所需单位，按下对应于所需单位的软键。也可以使用左右键选择需要修改的参数值的数位，使用旋钮改变该数位值的大小，如图 A－24 所示。

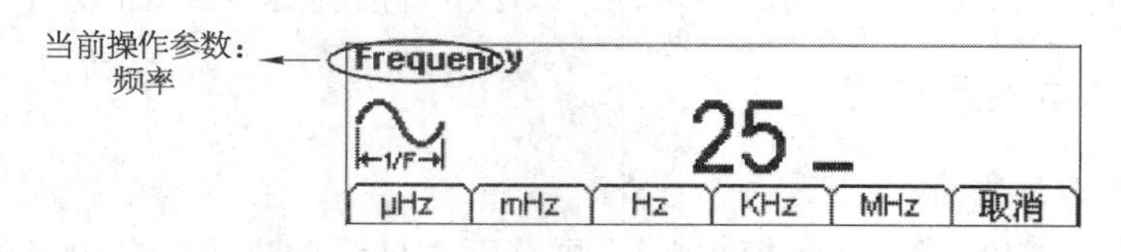

图 A－24　设置频率参数值

提示说明

- 当使用数字键盘输入数值时，使用方向键的左键退位，删除前一位的输入，修改输入的数值。

● 当使用旋钮输入数值时，使用方向键选择需要修改的位数，使其反色显示，然后转动旋钮，修改此位数字，获得所需要的数值。

(2) 设置输出幅值：

1) 按 Sine→幅值/高电平→幅值，设置幅值参数值。屏幕显示的幅值为上电时的默认值，或者是预先选定的幅值。在更改参数时，如果当前幅值对于新波形是有效的，则继续使用当前值。若要使用高电平和低电平设置幅值，再次按幅值/高电平或者偏移/低电平软键，以切换到高电平和低电平软键(当前选项为反色显示)。

2) 输入所需的幅值。使用数字键盘或旋钮，输入所选参数值，然后选择幅值所需单位，按下对应于所需单位的软键，如图 A-25 所示。

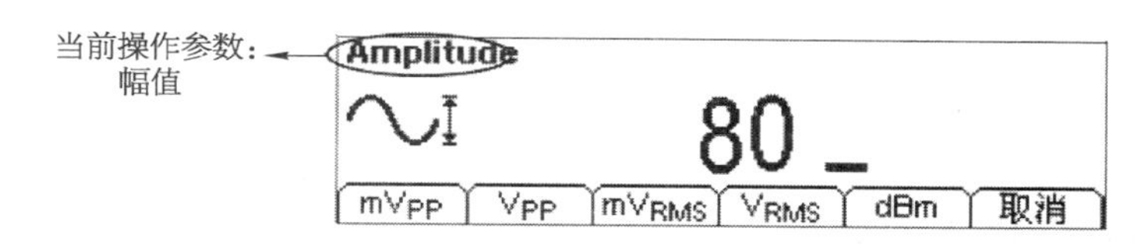

图 A-25　设置幅值参数值

(3) 设置偏移电压：

1) 按 Sine→偏移/低电平→偏移，设置偏移电压参数值。屏幕显示的偏移电压为上电时的默认值，或者是预先选定的偏移量。在更改参数时，如果当前偏移量对于新波形是有效的，则继续使用当前偏移值。

2) 输入所需的偏移电压。使用数字键盘或旋钮，输入所选参数值，然后选择偏移量所需单位，按下对应于所需单位的软键，如图 A-26 所示。

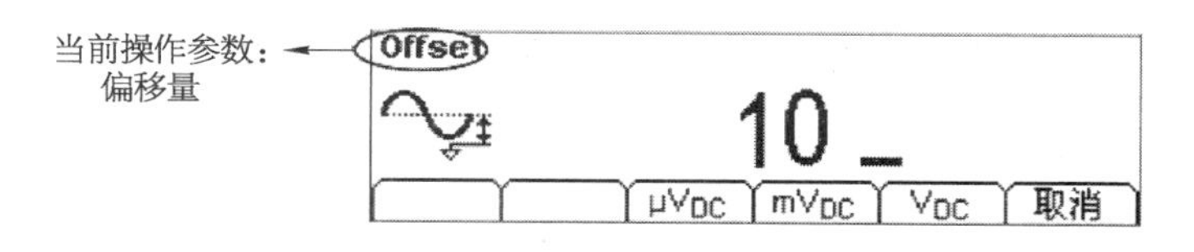

图 A-26　设置偏移量参数值

(4) 设置起始相位：

1) 按 Sine→相位，设置起始相位参数值。屏幕显示的初始相位为上电时的默认值，或者是预先选定的相位。在更改参数时，如果当前相位对于新波形是有效的，则继续使用当前偏移值。

2) 输入所需的相位。使用数字键盘或旋钮，输入所选参数值，然后选择单位，如图 A-27 所示。

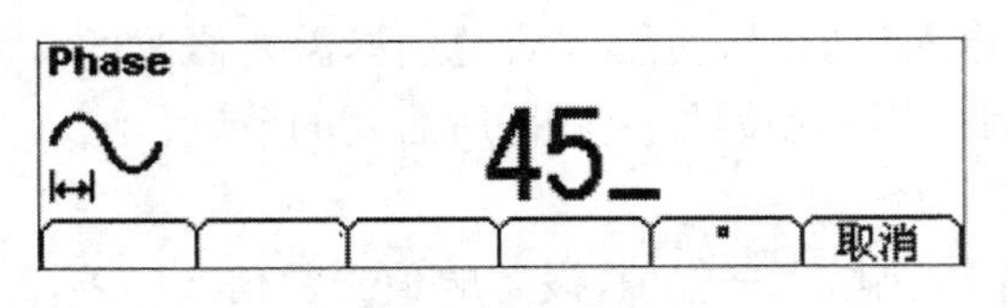

图 A-27　设置相位参数值

此时按 View 键切换为图形显示模式，查看波形参数，如图 A-28 所示。

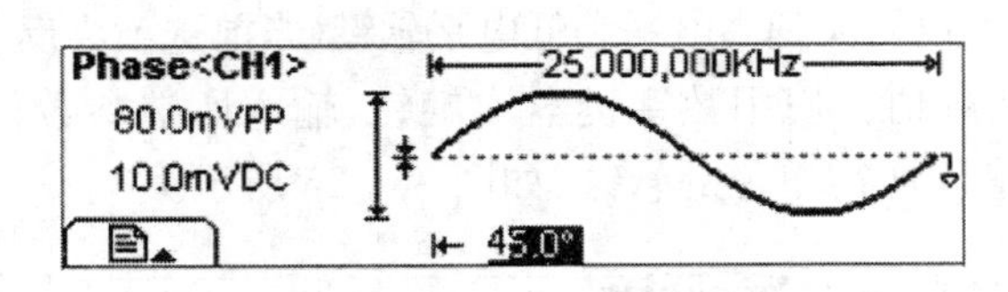

图 A-28　图形显示模式下的波形参数

2. 设置方波

使用 Square 按键，常规显示模式下，在屏幕下方显示方波的操作菜单。通过使用方波的操作菜单，对方波的输出波形参数进行设置。

设置方波的参数主要包括：频率/周期、幅值/高电平、偏移/低电平、占空比、相位。通过改变这些参数，得到不同的方波。如图 A-29 所示，在软键菜单中，选中占空比，在参数显示区中，与占空比相对应的参数值反色显示，用户可在此位置对方波的占空比值进行修改。

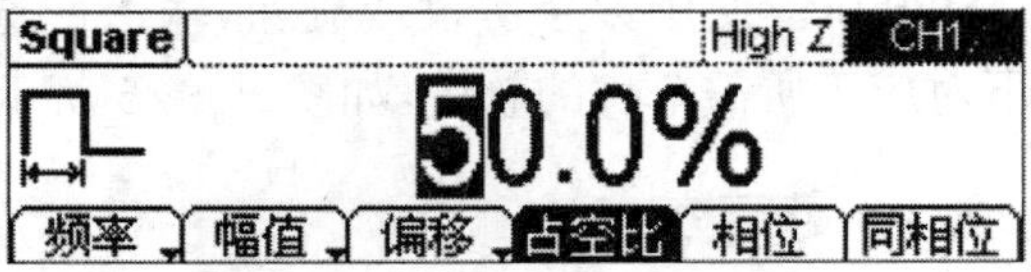

图 A-29　方波参数值设置显示界面

表 A-2　Square 波形的菜单说明

功能菜单	说明
频率/周期	设置波形频率或周期
幅值/高电平	设置波形幅值或高电平
偏移/低电平	设置波形偏移量或低电平
占空比	设置方波的占空比
相位	设置方波的起始相位

(1) 设置占空比：

1) 按 Square→占空比，设置占空比参数值。屏幕中显示的占空比为上电时的默认值，或者是预先选定的数值。在更改参数时，如果当前值对于新波形是有效的，则使用当前值。

2) 输入所需的占空比。使用数字键盘或旋钮，输入所选参数值，然后选择占空比所需单位，按下对应于所需单位的软键，信号发生器立即调整占空比，并以指定的值输出方波，如图 A－30 所示。

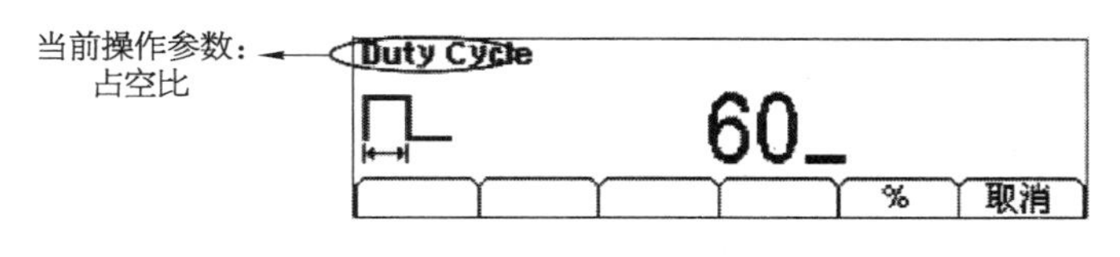

图 A－30　设置占空比参数值

此时按 View 键切换为图形显示模式，查看波形参数，如图 A－31 所示。

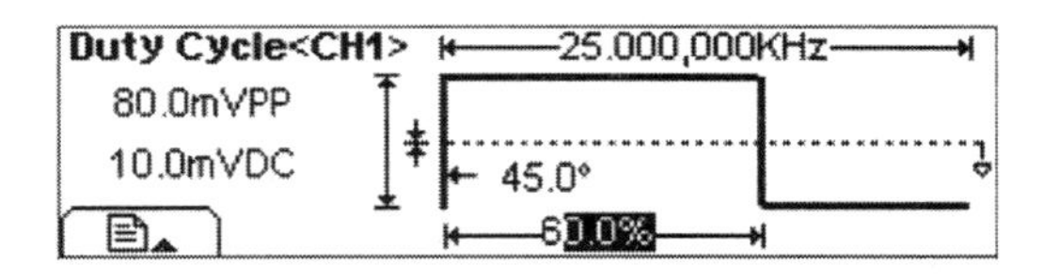

图 A－31　图形显示模式下的波形参数

五、DS1000型双踪示波器使用简介

（一）DS1000型双踪示波器面板

DS1000型示波器采用16位彩色TFT液晶显示器，使波形显示更加清晰，其面板如图A-32所示。

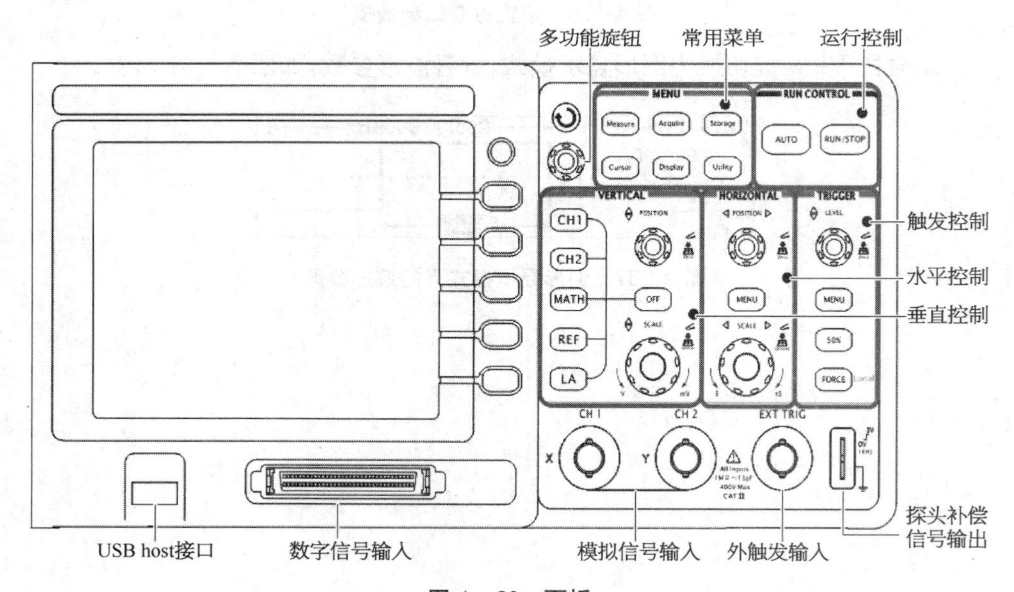

图A-32　面板

DS1000型示波器波形显示区域的界面如图A-33和图A-34所示。

（二）示波器使用说明

1. 波形显示的自动设置

DS1022C系列数字示波器具有自动设置功能。根据输入信号，可自动调整电压倍率、时基，以及触发方式至最好形态显示。应用自动设置功能，要求被测信号

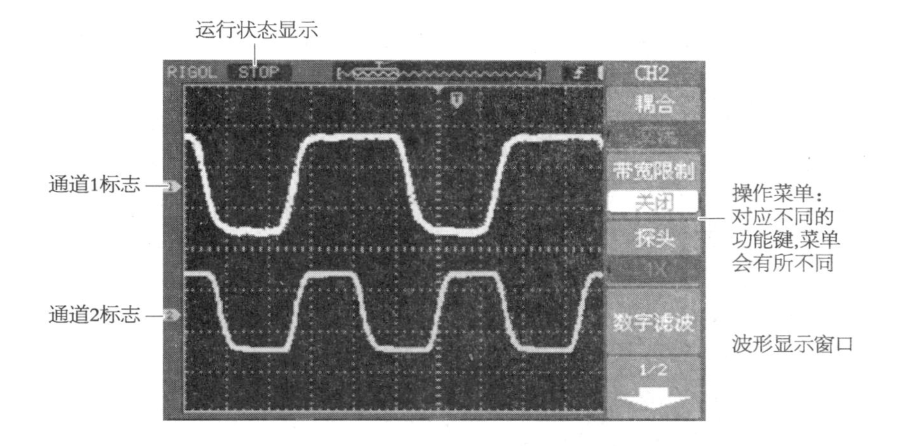

图 A-33 波形显示(一)

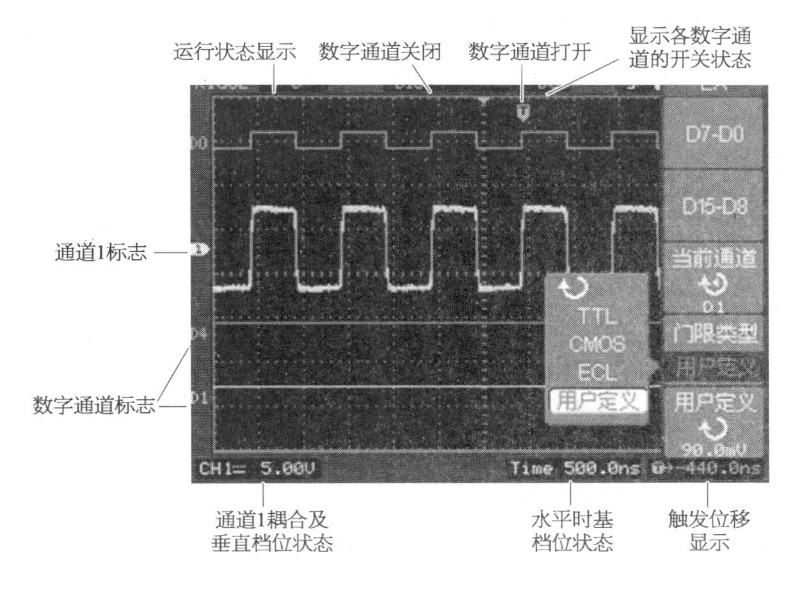

图 A-34 波形显示(二)

的频率大于或等于 50 Hz，占空比大于 1%，其方法如下：

(1) 将被测信号连接到信号输入通道。

(2) 按下“AUTO”按钮。示波器将自动设置垂直、水平和触发控制。如需要，可手工调整这些控制使波形显示达到最佳。

2. 示波器垂直系统

如图 A－35 所示，该示波器在垂直控制区（VERTICAL）有一系列的按键与旋钮。

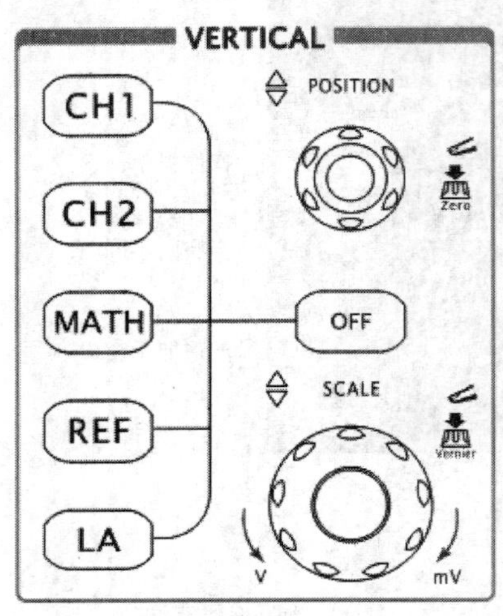

图 A－35 垂直系统

（1）使用垂直“POSITION”旋钮，可在波形窗口居中显示信号。该垂直“POSITION”旋钮控制信号的垂直显示位置，转动垂直“POSITION”旋钮时，指示通道地（GROUND）的标识跟随波形上下移动。

测量技巧：

① 如果通道耦合方式为 DC，可以通过观察波形与信号地之间的差距来快速测量信号的直流分量。

② 如果耦合方式为 AC，信号里面的直流分量被滤除。这种方式方便用户用更高的灵敏度显示信号的交流分量。

旋动垂直“POSITION”旋钮，不但可以改变通道的垂直显示位置，更可以通过按下该旋钮作为设置通道垂直显示位置恢复到零点的快捷键。

（2）改变垂直设置，并观察因此导致的状态信息变化。用户可以通过波形窗口下方的状态栏显示的信息，确定任何垂直档位的变化。转动垂直“SCALE”旋钮改变“Volt/div（伏/格）”垂直档位，可以发现状态栏对应通道的档位显示发生了相应的变化。

按“CH1”、“CH2”、“MATH”、“REF”、“LA”（混合信号示波器），屏幕显示对应通道的操作菜单、标志、波形和档位状态信息。按“OFF”按键关闭当前选择的通道。

切换粗调/微调不但可以通过此菜单操作，更可以通过按下垂直“SCALE”旋钮作为设置输入通道的粗调/微调状态的快捷键。

3. 示波器水平系统

如图 A－36 所示，在水平控制区（HORIZONTAL）有一个按键、两个旋钮。

（1）使用水平“SCALE”旋钮，可改变水平档位设置，并观察因此导致的状态信息变化。转动水平“SCALE”旋钮改变“s/div（秒/格）”水平档位，可以发现状态栏对应通道的档位显示发生了相应的变化。水平扫描速度从 5 ns～50 s，以 1—2—5 的形式步进。

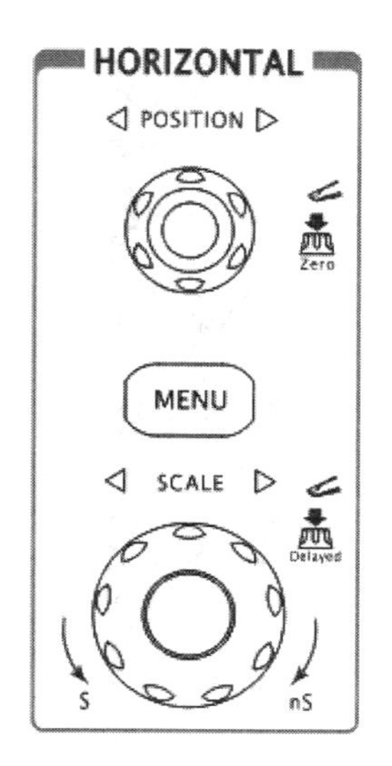

图 A－36　水平系统

水平“SCALE”旋钮不但可以通过转动调整“s/div（伏/格）”，更可以按下切换到延迟扫描状态。

* 注：示波器型号不同，其水平扫描速度略有差别。

(2) 使用水平“POSITION”旋钮调整信号在波形窗口的水平位置。

水平“POSITION”旋钮控制信号的触发位移。当应用于触发位移时，转动水平“POSITION”旋钮时，可以观察到波形随旋钮而水平移动。

水平“POSITION”旋钮不但可以通过转动调整信号在波形窗口的水平位置，更可以按下该键使触发位移（或延迟扫描位移）恢复到水平零点处。

(3) 按“MENU”按钮，显示“TIME”菜单。在此菜单下，可以开启/关闭延迟扫描或切换 Y－T、X－Y 和 ROLL 模式，还可以设置水平触发位移复位。

名称解释

触发位移：指实际触发点相对于存储器中点的位置。转动水平“POSITION”旋钮，可水平移动触发点。

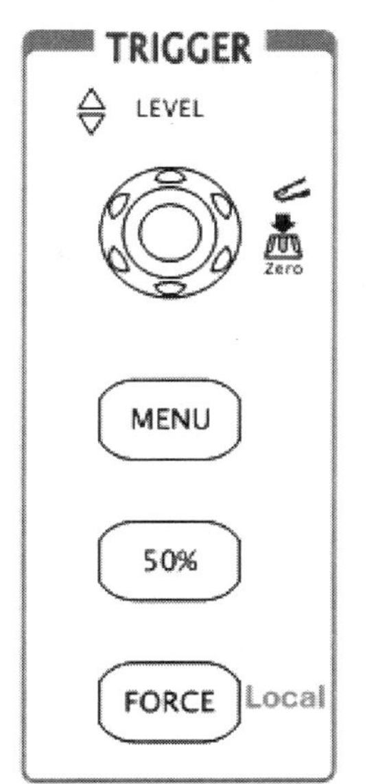

图 A－37　触发系统

4. 示波器触发系统

如图 A－37 所示，在触发控制区（TRIGGER）有一个旋钮、三个按键。

(1) 使用“LEVEL”旋钮改变触发电平设置。转动“LEVEL”旋钮，可以发现屏幕上出现一条桔红色（单色液晶系列为黑色）的触发线以及触以标志，随旋钮转动而上下移动。停止转动旋钮，此触发线和触发标志会在约 5 s 后消失。在移动触发线的同时，可以观察到在屏幕上触发电平的数值发生了变化。

旋动垂直“LEVEL”旋钮不但可以改变触发电平值，更可以通过按下该旋钮作为设置触发电平恢复到零点的快捷键。

(2) 使用“MENU”调出触发操作菜单（见图 A－38），改变触发的设置，观察由此造成的状态变化。

(3) 按“50％”按钮，设定触发电平在触发信号幅值的垂直中点。

● 按 1 号菜单操作按键，选择边沿触发。

● 按 2 号菜单操作按键，选择“信源选择”为 CH1 。

● 按 3 号菜单操作按键，设置“边沿类型”为上升沿。

● 按 4 号菜单操作按键，设置“触发方式”为自动。

● 按 5 号菜单操作按键，进入“触发设置”二级菜单，对触发的耦合方式，触发灵敏度和触发释抑时间进行设置。

图 A－38　触发操作菜单

注：改变前 3 项的设置会导致屏幕右上角状态栏的变化。

(4) 按“FORCE”按钮：强制产生一触发信号，主要应用于触发方式中的“普通”和“单次”模式。

名词解释

触发释抑：指重新启动触发电路的时间间隔。旋动多功能旋钮(↻)，可设置触发释抑时间。

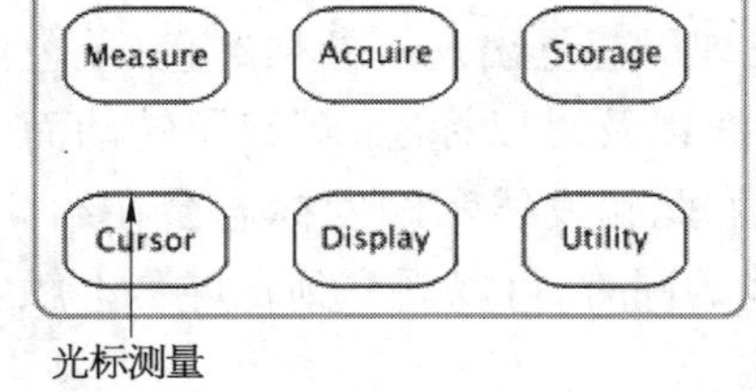

图 A－39

5. 光标测量

如图 A－39 所示，在 MENU 控制区的“CURSOR”为光标测量功能按键。

光标测量分为 3 种方式：

(1) 手动方式：光标 X 或 Y 方式成对出现，并可手动调整光标的间距，显示的读数即为测量的电压或时间值。当使用光标时，需首先将信号源设定成用户所要测量的波形。

(2) 追踪方式：水平与垂直光标交叉构成十字光标。十字光标自动定位在波形上，通过旋动多功能旋钮(↻)，可以调整十字光标在波形上的水平位置，示波器同时显示光标点的坐标。

(3) 自动测量方式：通过此设定，在自动测量模式下，系统会显示对应的电压或时间光标，以揭示测量的物理意义。系统根据信号的变化，自动调整光标位置，并计算相应的参数值。

注意：此种方式在未选择任何自动测量参数时无效。

6. 菜单及操作说明

（1）手动方式。手动方式操作菜单及设定说明如图 A－40、表 A－3 所示。

图 A－40　操作菜单

表 A－3　功 能 设 定

功能菜单	设　定	说　　明
光标模式	手动	手动调整光标间距以测量 X 或 Y 参数
光标类型	X Y	光标显示为垂直线，用来测量水平方向上的参数 光标显示为水平线，用来测量垂直方向上的参数
信源选择	CH1 CH2 MATH/FFT LA	选择被测信号的输入通道（LA 仅适用于混合信号示波器）

手动光标测量方式是测量一对 X 光标或 Y 的坐标值及两者间的增量。

操作步骤如下：

1）选择手动测量模式：按键操作顺序为（见图 A－40）："CURSOR"→光标模式→手动。

2）选择被测信号通道：根据被测信号的输入通道不同，选择 CH1 或 CH2。按键操作顺序为：信源选择→ CH1 、CH2 、MATH（ FFT ）或 LA（混合信号示波器）。

3）选择光标类型：根据需要测量的参数分别选择 X 或 Y 光标。按键操作顺序为：光标类型→ X 或 Y 。

4）移动光标以调整光标间的增量：详见表 A－4 所示。

5）获得测量数值：

光标 1 位置（时间以触发偏移位置为基准，电压以通道接地点为基准）。

表 A-4

光　标	增　量	操　作
CurA (光标 A)	X Y	旋动多功能旋钮(↻)使光标 A 左右移动 旋动多功能旋钮(↻)使光标 A 上下移动
CurB (光标 B)	X Y	旋动多功能旋钮(↻)使光标 B 左右移动 旋动多功能旋钮(↻)使光标 B 上下移动

注：只有当前菜单为光标功能菜单时，才能移动光标。

光标 2 位置(时间以触发偏移位置为基准，电压以通道接地点为基准)。

光标 1、2 的水平间距(ΔX)：即光标间的时间值。

光标 1、2 水平间距的倒数(1/ΔX)。

光标 1、2 的垂直间距(ΔY)：即光标间的电压值。

如果信号源选择为 LA(混合信号示波器)，测量数值为：

光标 1 位置(时间以触发偏移位置为基准)。

光标 2 位置(时间以触发偏移位置为基准)。

光标 1 的数字通道数值(十六进制形式)。

光标 1 的数字通道数值(二进制形式)。

光标 2 的数字通道数值(十六进制形式)。

光标 2 的数字通道数值(二进制形式)。

注：当光标功能打开时，测量数值自动显示于屏幕右上角。

名词解释

Y 光标：是进行垂直调整的水平虚线，通常指 Volts 值，当信号源为数学函数时，测量单位与该数学函数相对应。

X 光标：是进行水平调整的垂直虚线，通常指示相对于触发偏移位置的时间。当信号源为 FFT 时，X 光标代表频率。

(2) 光标追踪模式。光标追踪模式及设定说明如图 A-41、表 A-5 所示。

光标追踪测量方式是在被测波形上显示十字光标，通过移动光标的水平位置，光标自动在波形上定位，并显示当前定位点的水平、垂直坐标和两光标间水平、垂直的增量。其中，水平坐标以时间值显示，垂直坐标以电压值显示。

图 A-41 操作菜单

表 A-5

功能菜单	设 定	说 明
光标模式	追踪	设定追踪方式，定位和调整十字光标在被测波形上的位置
光标 A	CH1 CH2 无光标	设定追踪测量通道 1 的信号 设定追踪测量通道 2 的信号 不显示光标 A
光标 B	CH1 CH2 无光标	设定追踪测量通道 1 的信号 设定追踪测量通道 2 的信号 不显示光标 B
CurA （光标 A）	↻	设定旋动多功能旋钮（↻）调整光标 A 的水平坐标
CurB （光标 B）	↻	设定旋动多功能旋钮（↻）调整光标 B 的水平坐标

操作步骤如下：

1）选择光标追踪测量模式：按键操作顺序为（见图 A-41）："CURSOR"→光标模式→追踪。

2）选择光标 A、B 的信源：根据被测信号的输入通道不同，选择 CH1 或 CH2 。若不希望显示此光标，则选择无光标。

按键操作顺序为：光标 A 或光标 B→ CH1 、 CH2 或无光标。

3）移动光标在波形上的水平位置：详见表 A-6 所示。

表 A-6

光 标	操 作
光标 A	旋动多功能旋钮（↻）使光标 A 在波形上水平移动
光标 B	旋动多功能旋钮（↻）使光标 B 在波形上水平移动

注意：只有当前菜单是光标追踪菜单时，才能水平移动光标。在其他菜单状态下，十字光标在当前窗口的水平位置不会改变，垂直光标可能因为波形的瞬时变化而上下摆动。

4）获得测量数值：

光标 1 位置(时间以触发偏移位置为基准,电压以通道接地点为基准)。

光标 2 位置(时间以触发偏移位置为基准,电压以通道接地点为基准)。

光标 1、2 的水平间距(ΔX):即光标间的时间值(以“秒”为单位)。

光标 1、2 水平间距的倒数(1/ΔX)(以“赫兹”为单位)。

光标 1、2 的垂直间距(ΔY):即光标间的电压值(以“伏”为单位)。

(3) 光标自动测量方式

光标自动测量方式及设定和说明如图 A-42、图 A-43、表 A-7 所示。

图 A-42 操作菜单

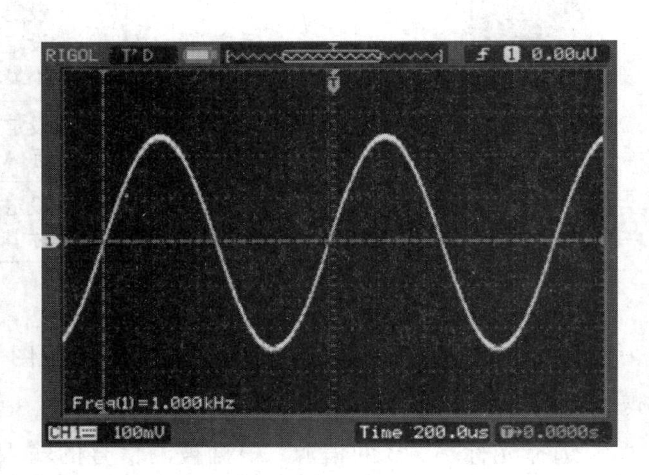

图 A-43 波形图

表 A-7

功能菜单	设　定	说　明
光标模式	自动测量	显示当前自动测量的参数所应用的光标,如图 A-43 所示

光标自动测量模式显示当前自动测量参数所应用的光标。若没有在“MEASURE”菜单下选择任何的自动测量参数,将没有光标显示。

本示波器可以自动移动光标测量“MEASURE”菜单下的所有 20 种参数。

参 考 文 献

1. 秦曾煌主编.电工学(第六版)上册 电工技术.北京：高等教育出版社，2003.
2. 秦曾煌主编.电工学(第六版)下册 电子技术.北京：高等教育出版社，2004.
3. 侯文、忻尚芝主编.电工与电子技术.北京：中国计量出版社，2009.
4. 苏景军、薛婉瑜主编.安全用电.北京：中国水利水电出版社，2004.
5. 蓝小萌主编.电业安全.北京：中国电力出版社，2002.
6. 黄允千主编.电工学实验基础.上海：同济大学出版社，2005.
7. 孔庆生、俞承芳主编.模拟与数字电路基础实验.上海：复旦大学出版社，2005.
8. 陈松、金鸿主编.电子设计自动化技术.南京：东南大学出版社，2003.
9. 朱力恒主编.电子技术仿真实验教程.北京：电子工业出版社，2003.
10. 徐瑞萍、谢松云等主编.模拟电子技术仿真与实验.西安：西北工业大学出版社，2007.
11. 谭博学、苗汇静主编.集成电路原理及应用.北京：电子工业出版社，2008.
12. 付家才主编.电子工程实践技术.北京：化学工业出版社，2003.
13. 谢自美主编.电子线路设计·实验·测试.武昌：华中科技大学出版社，2002.
14. 第二届全国大学生电子设计竞赛组委会编.全国大学生电子设计竞赛获奖作品选编.北京：北京理工大学出版社，1997.
15. 殷瑞祥、朱宁西主编.电工电子技术——应用教程.北京：机械工业出版社，2008.
16. 马秀娟主编. 电工电子实践教程. 哈尔滨：哈尔滨工业大学出版社，2004.
17. 中国计量出版社编辑部组织编译. 电子电路大全. 北京：中国计量出版社，1991.
18. 康华光主编. 电子技术基础. 北京：高等教育出版社，2006.
19. 郝鸿安，徐红媛编. 555 集成电路实用大全. 上海：上海科学普及出版社，1996.
20. 陈永甫主编. 555 集成电路应用 800 例. 北京：电子工业出版社，1992.
21. IR2302 数据手册，http://www.irf.com.
22. LM2576 数据手册，http://onsemi.com.
23. X9511 数据手册，http://www.xicor.com.